金石为开　材料先行

廖晓玲　等编著

北　京
冶　金　工　业　出　版　社
2015

内 容 提 要

全书共分六章，分别从国防、能源、信息、医疗和家庭健康保健等几个方面，以通俗的语言、精美的图片和具体的事例将材料的重要性，材料与人们生产、生活的关系，特别是新材料对人类未来发展所起的作用等内容展现给读者。

本书可作为高等院校材料专业的本科生教材以及众多科学爱好者的科普读物，也可作为从事材料生产的技术人员及其他涉及材料领域的研究人员的参考用书。

图书在版编目(CIP)数据

金石为开　材料先行/廖晓玲等编著．—北京：冶金工业出版社，2015.4

ISBN 978-7-5024-6886-6

Ⅰ.①金…　Ⅱ.①廖…　Ⅲ.①材料科学—基本知识　Ⅳ.①TB3

中国版本图书馆 CIP 数据核字(2015) 第 062572 号

出 版 人　谭学余
地　　址　北京市东城区嵩祝院北巷 39 号　邮编　100009　电话　(010)64027926
网　　址　www.cnmip.com.cn　电子信箱　yjcbs@cnmip.com.cn
责任编辑　张熙莹　美术编辑　彭子赫　版式设计　孙跃红
责任校对　禹　蕊　责任印制　牛晓波
ISBN 978-7-5024-6886-6
冶金工业出版社出版发行；各地新华书店经销；北京百善印刷厂印刷
2015 年 4 月第 1 版，2015 年 4 月第 1 次印刷
169mm×239mm；7.25 印张；140 千字；108 页
29.00 元

冶金工业出版社　投稿电话　(010)64027932　投稿信箱　tougao@cnmip.com.cn
冶金工业出版社营销中心　电话　(010)64044283　传真　(010)64027893
冶金书店　地址　北京市东四西大街 46 号(100010)　电话　(010)65289081(兼传真)
冶金工业出版社天猫旗舰店　yjgy.tmall.com

(本书如有印装质量问题，本社营销中心负责退换)

前　言

新型材料在国防、节约不可再生原料、保护环境、保障人类健康与安全方面发挥了重要的作用，并受到社会的广泛关注。本书追踪材料学的最新发展成果、结合材料在各领域的科学前沿，从更高、更广的视觉来阐释材料在人类社会生活各个方面的作用。本书以普及新材料学知识为主线，从生活中常见材料入手，通过与日常生活密切相关的例子，结合最新的科技成果与实践案例，深入浅出地阐述材料学与人类社会的广泛联系，适合社会大众，可以作为社会公众的通识教育内容，使人们对新材料的可持续发展有较为正确的认知，理解到为什么说“金石为开，材料先行”。

本书通过从国防、能源、信息、医疗和家庭健康保健等几个方面，讲述材料在这些领域中不可分割的联系和应用，为大家阐明材料特别是新材料对现代人类社会的发展和生活的改善所起到的巨大作用。全书共分6章，第1章阐述了材料在人类发展过程中的地位，材料与中国梦的关系；第2章介绍了新材料在武器装备中的应用和对国防的支撑作用；第3章介绍了能源的类型、能源危机、新材料在新能源领域的应用、新材料与环境保护等内容；第4章讲述了信息技术在当今社会的地位，新材料在信息的收集、传输和处理中的作用；第5章说明了生物医用新材料的发展，新材料在组织修复与替换中的作用；第6章分别从家庭医疗器械、健康检测、健康监控及网络、智能穿戴设备等方面介绍了现代家庭医疗保健的发展，特别介绍了先进材料与便携式个人健康检测系列产品、微流控检测芯片系统、空气过滤鼻塞以及瘫痪病人系列保健产品之间的关系，强调健康是万物之源，关注家庭医疗保健是人类发展的首要任务，健康是实现中国梦、托起明天辉煌的必要条件。

本书可作为高等院校材料专业的本科生教材以及众多科学爱好者的科普读物，也可作为从事材料生产的技术人员及其他涉及材料领域的研究人员的参考用书。

作者自2012年起开始写作本书。参与本书写作的还有“材料——托起明天的辉煌”项目组成员。特别感谢国家自然科学基金面上项目(No. 31271014)、冶金材料重庆市特色专业群以及重庆市精品视频公开课“材料——托起明天的辉煌”项目的支持，并感谢重庆科技学院冶金与材料工程学院在人、财、物方面提供的帮助。

由于作者水平所限，书中疏漏之处恳求读者批评指正。

作 者
2015年1月4日

目 录

材料开启现代文明

本章从材料的定义出发，通过“人类社会的发展史就是一部材料的发展史”的介绍，阐明材料在人类社会发展史上的重要地位。以“中国梦”这条线索，讲述材料与“强国”、“富民”的关系。在“强国”部分，讲述材料在陆地、天空及海洋中的一些典型武器装备的应用概况说明材料与国防的关系；在“富民”部分，讲述材料与制造业的关系，并从可持续发展的角度，介绍材料在新能源开发、节约能源以及环境保护中的作用，同时介绍材料的信息、材料与医疗的关系。本章最后讲述新材料在人类未来发展中的核心作用，强化说明新材料在全球政治经济中的作用。

1.1　材料与中国梦

材料是人们制造各种产品的物质，是人类赖以生存和发展的物质基础，更是人类社会发展的主要标志。人类社会的发展史就是一部材料的发展史，人们根据所使用的材料的不同，将人类的发展历程分为六个时代，如图 1-1 所示。

在石器时代，人类主要以石材、木材、骨头为材料制作一些简单的工具（见图 1-2），生产力水平极其低下。这个时期的人类，生存是第一要务。

随着人类的进化，人类对生活质量开始有所追求，学会了用黏土烧制一些工具和器皿（见图 1-3），用来储存、蒸煮食品，生活条件得到了改善，生命得以延长。

在青铜器时代，人类学会冶炼铜，并把铜与锡矿石熔合得到青铜（见图 1-4）。青铜的出现，对提高社会生产力起到了划时代的作用。

铁器时代是人类发展史中一个极为重要的时代。铁器的使用（见图 1-5），

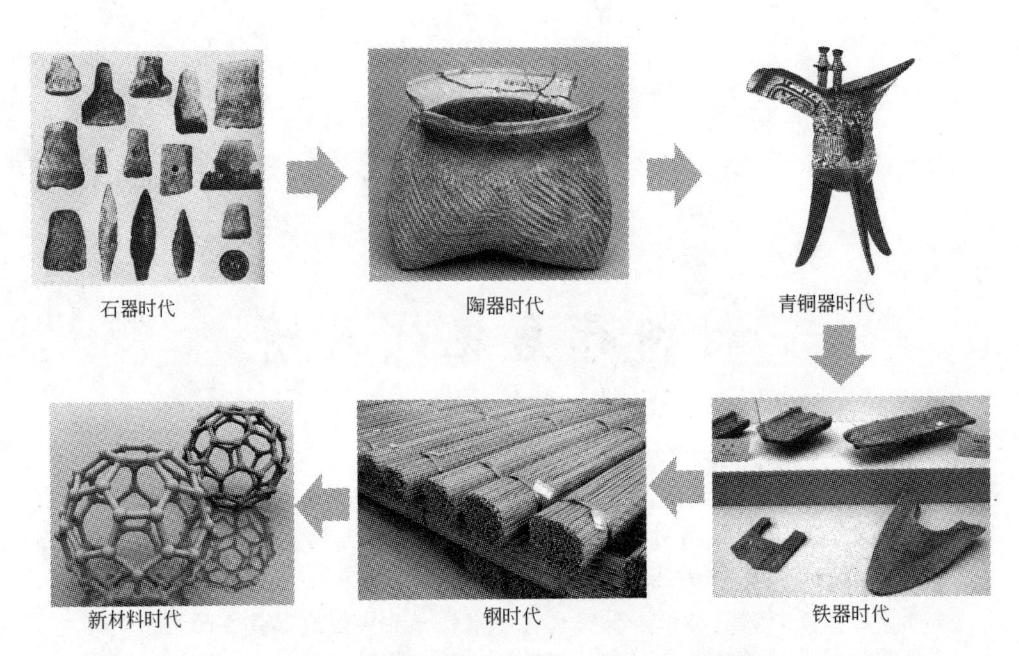

图 1-1　以材料的发展为基础的人类社会发展史

图 1-2　石器时代人类的生存工具

促进了社会经济的发展，加速了奴隶制社会的瓦解。

早在汉代，中国就炼出了世界上最早的钢，使社会生产力再次获得飞跃式发展，开启了人类历史的钢时代。钢铁材料的大量生产，促进了第一次工业革命的发生。至今，钢仍然是最为重要的材料之一（见图 1-6），钢材产量是一个国家实力的重要标志。

图 1-3　陶器时代人类的生活器皿

图 1-4　青铜器时代的产品

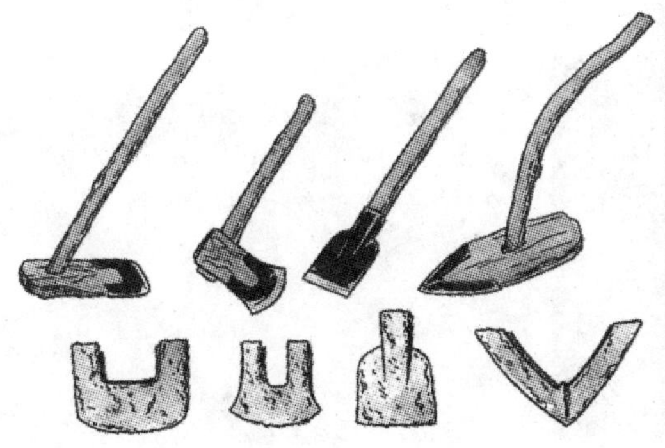

图 1-5　铁器时代的农耕工具

图 1-6　现代化的钢铁时代

20 世纪，人类进入新材料时代（见图 1-7）。新材料具有优异性能和特殊功能，对科学技术尤其是对高新技术的发展及高新产业的形成具有决定意义，它是一切高新技术发展的基础和先导，是高新技术的一部分，同时又为高新技术服

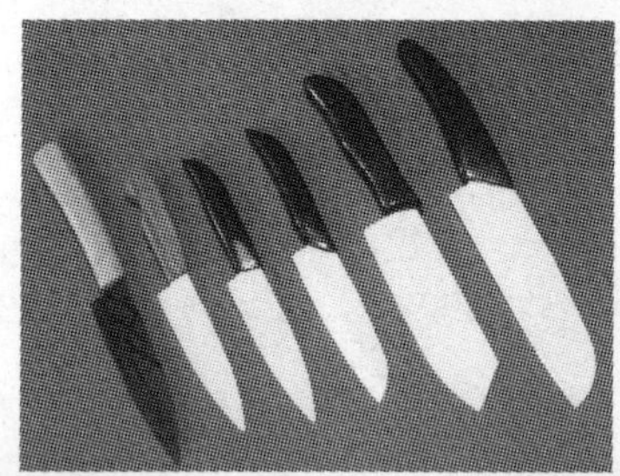

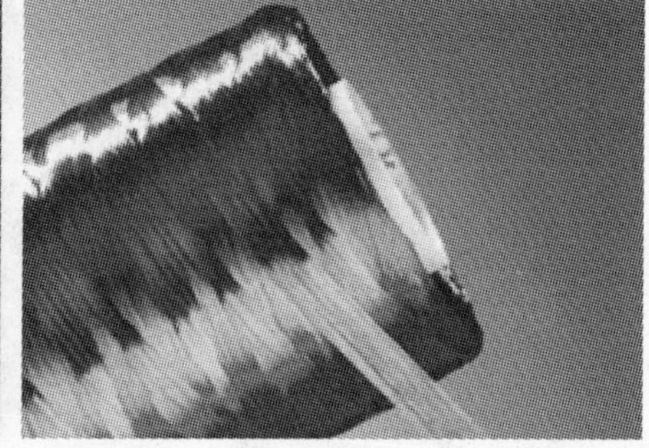

图 1-7　新材料时代

务。现在，我们正处于新材料时代，各类新材料及材料制备技术层出不穷，社会生产力获得空前发展。

2012 年，中共中央总书记习近平带领新一届中央领导集体参观中国国家博物馆“复兴之路”展览现场，提出实现伟大复兴就是中华民族近代以来最伟大的梦想，简称“中国梦”，号召中华民族为中国梦的实现而奋斗。中国梦，就是实现中华民族的伟大复兴！其本质内涵就是实现国家富强、民族复兴、人民幸福和社会和谐。其核心是“强国”、“富民”，而这一切，都离不开材料的支撑。

两院院士，中国材料科学泰斗，国家最高科学技术奖获得者师昌绪先生曾经说过：“材料是制造业的基础，决定着整个国家的强富与贫穷。强国梦，材料不可或缺。”师昌绪先生把材料与强国之梦紧紧地联系在了一起。新材料对实现“强国”、“富民”，实现中国梦起着极其重要的作用。国家不富强，就会被人欺侮；民族不复兴，就无颜担当龙的传人。强国才能富民，国强是民富最根本的安全保障，民富则是国强的内生动力。新材料是“强国”、“富民”的基础（见图 1-8）。

图 1-8 新材料是“强国”、“富民”的基础

1.2 材料的重要作用

1.2.1 材料与国防

强国的内涵之一，就是要有足够的实力保护我们的人民，保护我们的陆地、海洋

和天空！这需要强大的国防，需要先进的武器装备，而这些，都离不开新材料！

当今先进坦克的身上，到处都有新材料的身影。坦克的“护身符”是金属与非金属的复合装甲，可以大幅度提高防护能力并减轻质量。与此同时，坦克上装备的钨合金穿甲弹，具有极强的穿透能力。坦克是“矛”与“盾”的集合体，坦克战中一直上演着“矛”与“盾”的对决，而对决的主角正是材料！

图 1-9 所示为被称为“陆战之王”的坦克，是保卫我国本土的重要武器。

图 1-9　坦克——“陆战之王”

飞机需要高强度、低密度的结构材料，先进的铝合金、钛合金、复合材料在飞机上随处可见。作为飞机“心脏”的发动机，里面有先进的钛合金材料、单晶材料、金属基及陶瓷基复合材料以及碳-碳复合材料。机身上还喷涂着能够吸收雷达波的隐身材料。

导弹在高速飞行时，会使弹头产生2000℃以上的高温，这时，需要烧蚀防热材料，它是一种固体防热（复合）材料。在高温高压气流冲刷的条件下，烧蚀防热材料发生热解、熔化、蒸发和升华、辐射等反应，会吸收大量的热量，从而达到耐高温的目的。

图 1-10 所示为保护我国领空的飞机与导弹，它们身上显现着新材料的身影。

中国近代史上多次遭受外敌入侵，而侵略者大多选择从海上入侵，这是因为我国没有强大的海军。我国有漫长的海岸线，现在我国的石油进口主要依赖海运，航线的安全至关重要，因此必须有强大的海军，需要先进的军舰，这些也离不开新材料。航空母舰的所有部分都离不开材料特别是新材料，其外壳钢板需要在水里承受巨大的压力，同时还要防腐蚀，而甲板的钢材又需要由大面积、高强度的钢板焊接而成，甲板上拦阻索也需要高性能的材料。图 1-11 所示为保卫我国领海的辽宁号航空母舰。

图 1-10 现代武器——飞机与导弹

图 1-11 中国辽宁号航空母舰

1.2.2 材料与制造业

强大的国防是富民的保障，而民富则是国防重要的支持，强国、富民离不开经济建设，经济的发展更离不开材料的支撑。中国是制造业大国，制造业在国民经济中占据着非常重要的地位，而整个制造业的基础是材料。我国是材料大国，但不是材料强国。以钢为例，中国 2012 年粗钢产量 7.16 亿吨，占全球钢产量的

46.3%。但是，却存在着品种单一、品质不高的问题，这就出现了国内钢厂产品积压，而另一方面却需要大量进口高品质钢材的尴尬局面。

没有高品质的钢材，我国制造的产品就缺乏竞争力。以轿车为例，国外轿车采用中高强度钢的比例超过50%，而我国不足30%，这使得我们必须多用钢材，才能满足强度要求，导致国内汽车竞争力下降。再比如石油钻头、钻杆材料，我国也只能生产低端产品，高品质的钻头、钻杆材料主要依赖进口。因此，我国虽然是制造业大国，但不是制造业强国。

1.2.3 材料与信息、医疗

信息材料是为了实现信息探测、传输、运算、处理、显示和存储等功能使用的材料。信息材料及其产品支撑着通信、计算机、信息家电与网络技术等现代信息产业的发展。同时，幸福健康的生活，需要各种新型生物医用材料的支撑，如碳-碳复合材料制成的假肢，能帮助人们重新站立，获得自信与尊严；人造牙齿、人造关节、人造骨头、人造皮肤等能帮助人们获得新生；药物控释，靶点治疗法，能使人们获得高效治疗。

图1-12所示为现代医疗器械。

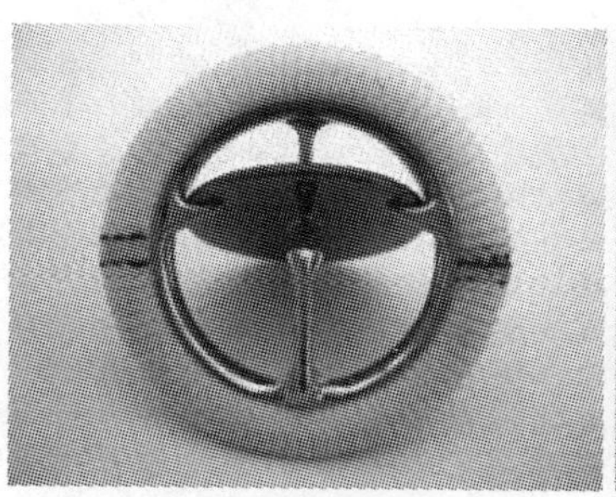
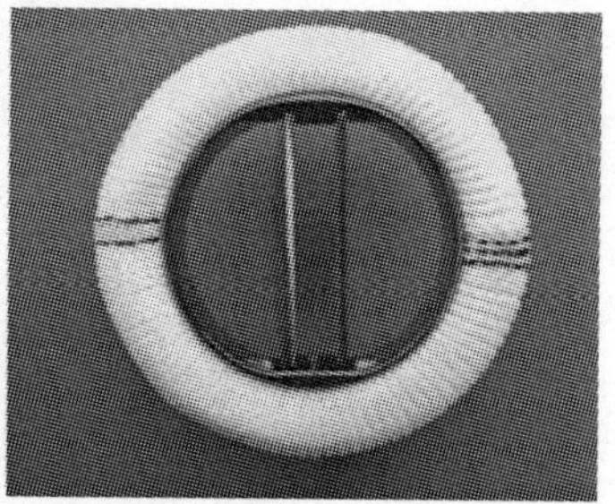

图1-12 现代医疗器械

1.2.4 材料与新能源及环境治理

我们要富民，但不能掠夺子孙的饭碗，必须要改变发展方式，做到可持续发展，这些都离不开材料的支持。

石油、天然气、煤炭等都属于不可再生能源，面临枯竭，使用过程中还污染环境。解决方法是进一步开发新能源，如太阳能、风能、核能、生物质能及潮汐能等，同时节能并提高能源利用率，如利用LED材料达到同样的亮度仅需20%的能源。

“强国”、“富民”是中国梦的一部分，社会的和谐还需要生态文明的建设，这也是中国梦的组成部分，我们要告别雾霾，我们要生活得更健康，仍然离不开材料。通过先进材料解决各种环境污染问题。如通过提高材料强度，实现汽车轻量化，从而降低油耗，减少排放，同时利用纳米材料净化汽车尾气，使天空变得更蓝；大力发展储氢材料，利用清洁的氢能，可以做到"零排放"，到时雾霾将离我们远去（见图1-13）。

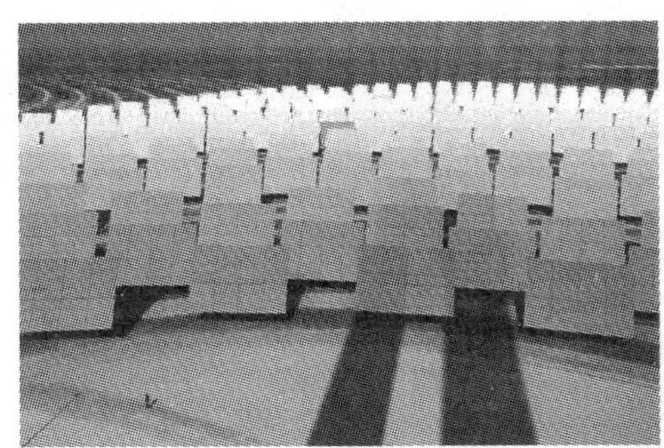

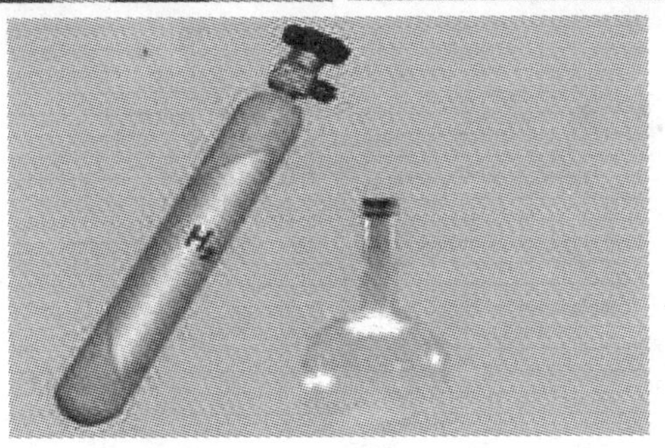

图1-13　材料与新能源

1.2.5　材料与深空、深海、地心探测

探月工程——嫦娥工程分为"无人月球探测"、"载人登月"和"建立月球基地"三个阶段。2007年，"嫦娥一号"成功发射升空，在圆满完成各项使命后，于2009年按预定计划受控撞月。2010年"嫦娥二号"顺利发射，也已圆满并超额完成各项既定任务。2013年，"嫦娥三号"已在月球实现软着陆。

"天宫一号"是中国首个目标飞行器和空间实验室，属载人航天器，已经成功与神舟八号、神舟九号实现交会对接，2012年6月，航天员首次进入"天宫一号"进行科学实验。

2012年6月27日，深海探索"蛟龙"号在位于西太平洋马里亚纳海沟区域成功下潜到7062.68m深度，该下潜深度可以让"蛟龙"号在全球99.8%的海底实现较长时间的海底航行、海底照相和摄像、沉积物和矿物取样、生物和微生物取样、标志物布放、海底地形地貌测量等作业（见图 1-14）。

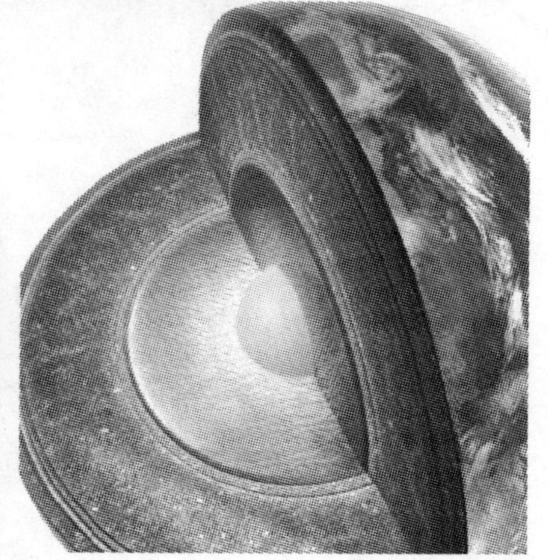

图 1-14 材料与深空、深海、地心探测

未来，我们还希望进一步探索宇宙的奥秘，进一步了解我们海洋深处、地心深处的秘密，这些都离不开新材料！因此，中国梦，离不开材料！人类的未来，离不开材料！金石为开、材料先行，材料托起明天的辉煌！

材料与国防

本章分别从历史的“时间角度”和各个国家的“地理角度”，以介绍国防的重要性为切入点，阐述材料在国防工业中举足轻重的地位，特别是新材料在现代国防中对保障国家安全和发展所起到的巨大的作用。讲述以武器装备为线索，以陆军武器装备、海军武器装备和空军武器装备为例，讲述各类武器装备中新材料的应用，新材料对武器性能的决定性作用，并重点介绍了高强度金属结构材料和各类复合材料、隐身材料、阻尼减振材料、燃料电池等一系列先进材料在相关武器装备上的应用，这些材料的优缺点以及未来国防新材料的发展方向等。

2.1 国防之重

“国防”一词第一次是出现在南朝宋范晔所撰的《后汉书·孔融传》中，书中记载了孔融针对当时国内可能发生动乱的征兆，向汉献帝进谏：“臣愚以为宜隐郊祀之事，以崇国防。”

古人对国防的定义是为维护国体、严明礼义而采取的防禁措施。古人视礼义为维护社会国家的安全力量，须严格遵行，防止逾越，将为维护国体、严明礼义而采取的防禁措施称为“国防”。如今，国防被定义为防御侵略和武装颠覆所采取的一切军事等措施。

正所谓“国无防不立，民无兵不安”。梁启超先生在《新民说》中提到：“若无国防，则国难屡起，民将不得安其业。”可以说国防是国家独立自主的前提，是国家安全的重要保障，是国家繁荣昌盛的重要条件，是关系到国家和民族生死存亡、荣辱兴衰的根本大计。

图 2-1 所示为阿富汗和伊拉克等军事弱国遭受战争之苦，国家一片狼藉、民

不聊生的境况，正好印证“国无防而民不安”的事实。

阿富汗

伊拉克

图 2-1 战争中的阿富汗和伊拉克

现代国防是指国家为防备和抵抗侵略，制止武装颠覆，保卫国家的主权、统一、领土完整和安全，所进行的军事活动以及与军事有关的政治、经济、外交、科技、教育等方面的活动（见图 2-2）。

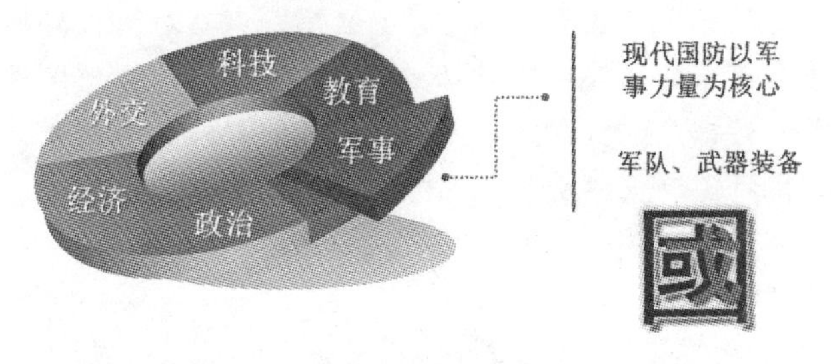

图 2-2 国防的组成

从图 2-2 的繁体字“國”可看出国家需要“戈”和持“戈”之人，亦即军队和武器装备组成国防。但军队建设与武器装备制造离不开教育、科技的支撑，也离不开国家外交手段、经济与政治的有力扶植。

2.2 材料与国防装备

现代文明的四大支柱为材料、能源、信息技术、生物技术，如图 2-3 所示。材料技术又是其他技术的基础，材料技术的每一次重大突破，都不同程度地引起其相关产业技术的革命，甚至引起人们生活方式的改变。

材料，特别是新材料是一个国家国防力量最重要的物质基础，是所有武器装备的重要支撑，具有战略意义。

国防工业是新材料成果的优先使用者，新材料的研究和开发对国防工业和武器装备的发展起着决定性的作用。

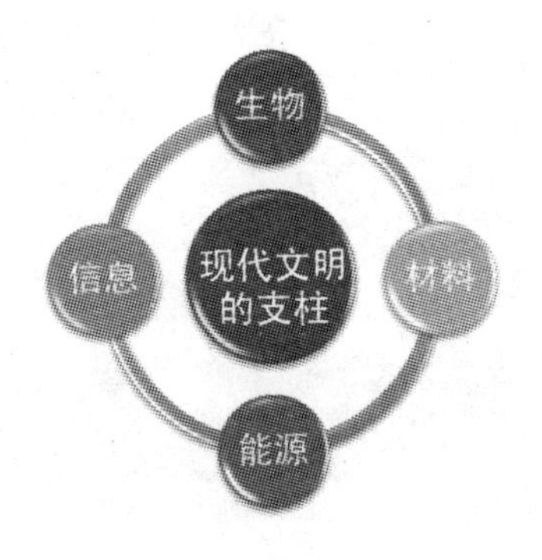

图 2-3　现代文明的四大支柱

2.2.1　材料与陆军武器装备

中国作为战略防御型国家，在未来反侵略战争中，主力兵团会战的成败在很大程度上决定着战争的胜负。对于完全国土防御型的中国人民解放军而言，陆军是决定性军种。不论是过去、现在，还是将来，建设一支令人生畏、世界一流的强大国土防卫陆军，必须是我们加强国防所应达成的目标。

陆军武器组成主要包括坦克装甲车辆——陆战之王，火炮与导弹——陆战之剑，直升机——低空旋风和轻武器——近战利器。

下面主要对主战坦克、空降兵战车、先进加农榴弹炮、新型轮式步战车、舰空导弹、直升机等现代陆军武器装备材料做简要描述。

2.2.1.1　材料与主战坦克

图 2-4 所示为主战坦克装甲车辆，其中含有大量新型材料。如坦克发动机增压器涡轮材料为 K18 镍基高温合金（高温合金是航空航天动力系统的关键材料，它是在 600～1200℃高温下能承受一定应力并具有抗氧化和抗腐蚀能力的合金，是航空航天发动机涡轮盘的首选材料，按照基体组元的不同，高温合金分为铁基、镍基和钴基三大类）；反应装甲反箱为抗穿甲能力可达 1200mm 的玻璃/环氧复合材料；穿甲弹弹芯材料选用钨合金（钨的熔点在金属中最高，为 3410℃，沸点约为 5900℃，其突出的优点是高熔点带来材料良好的高温强度与耐蚀性，在军事工业特别是武器制造方面表现出了优异的特性。在兵器工业中它主要用于制作各种穿甲弹的战斗部。目前钨合金广泛应用于主战坦克大长径比穿甲弹、中小口径防空穿甲弹和超高速动能穿甲弹用弹芯材料，这使各种穿甲弹具有更为强大的击穿威力）。除此以外，坦克为实现隐身功能，还在装甲薄层涂有磁性吸波材料。

图 2-4 主战坦克装甲车辆

2.2.1.2 材料与空降兵战车

空降兵战车中红箭 73B 反坦克导弹的 70% 的弹体材料是用碳纤维和玻璃纤维复合材料制成的。先进复合材料是比通用复合材料有更高综合性能的新型材料，种类包括树脂基复合材料、金属基复合材料、陶瓷基复合材料和碳基复合材料等，具有高的比强度、高的比模量、耐烧蚀、抗侵蚀、抗核、抗粒子云、透波、吸波、隐身、抗高速撞击等一系列优点，在军事工业中占有举足轻重的作用，是国防工业发展中最重要的一类工程材料。为减重，空降兵战车的履带选用质量轻、性能优越的铝合金。同时，铝合金装甲与钢质附加装甲的组合成为双硬度复合装甲，大大增加对抗动能弹丸打击的能力（见图 2-5）。

图 2-5 空降兵战车
（摘自新华社发国庆 60 周年阅兵受阅装备示意图）

2.2.1.3 材料与先进加农榴弹炮

先进加农榴弹炮（简称加榴炮）系统的特点是威力大、射程远、精度高、有快速反应能力等，如图2-6所示。其发展趋势为自行火炮炮塔、构件、轻金属装甲车用材料的轻量化，因此在保证动态与防护的前提下，钛合金在陆军武器上有着广泛的应用。155火炮制退器采用钛合金后，不仅减轻质量，还减少了火炮身管因重力引起的变形，有效提高了射击精度；在主战坦克、直升机以及反坦克多用途导弹上的一些形状复杂的构件也可用钛合金制造，不仅提高了产品的性能，同时也减少部件的加工费用。

图2-6 榴弹炮架

在过去，钛合金由于制造成本昂贵，应用受到了极大的限制。近年来，世界各国正在积极开发低成本的钛合金，降低成本的同时也提高钛合金性能。在我国，钛合金的制造成本还比较高，但是随着钛合金用量的不断加大，制造成本会随之降低。

2.2.1.4 材料与新型轮式步战车

新型轮式步战车如图2-7所示，装甲采用双硬度装甲钢板、氧化铝陶瓷复合装甲组合技术，抗打击能力强。结构陶瓷材料优点是强度和弹性模量都很高，具有耐腐蚀、耐磨损、耐高温，密度又比一般金属材料低，是很有发展潜力的高比强度材料。但其致命缺点就是陶瓷固有的脆性，应用范围受到很大的限制。近年，先进陶瓷材料的研究取得很大进展，用高纯度超细粉料经特殊加工工艺而制成的陶瓷材料显微组织精细，性能优良。一些先进陶瓷材料，如碳化硅、氮化硅、氧化铝、氧化锆等已逐步发展起来。陶瓷增韧的研究也取得一定的成果，为结构陶瓷材料的推广应用创造了条件。

目前国外已投产的装甲陶瓷材料主要有：氧化铝、碳化硅、碳化硼、二硼化

图 2-7 新型轮式步战车

钛等几种。其中以氧化铝应用最为广泛，氧化铝陶瓷装甲既可以对付穿甲弹，也可以对付破甲弹，其质量有效系数约为 2.5 ~ 3.5，已广泛应用于轻型装甲车辆，而对于希望尽量减轻装甲质量的舰船来说，具有很大的吸引力。

2.2.1.5 材料与舰空导弹

图 2-8 所示为国庆 60 周年舰空导弹某型装备，特别需要提到的是导弹的窗口材料为光电功能材料。光电功能材料是指在光电子技术中使用的材料，它能将光电结合的信息进行传输与处理，是现代信息科技的重要组成部分，在军事工业

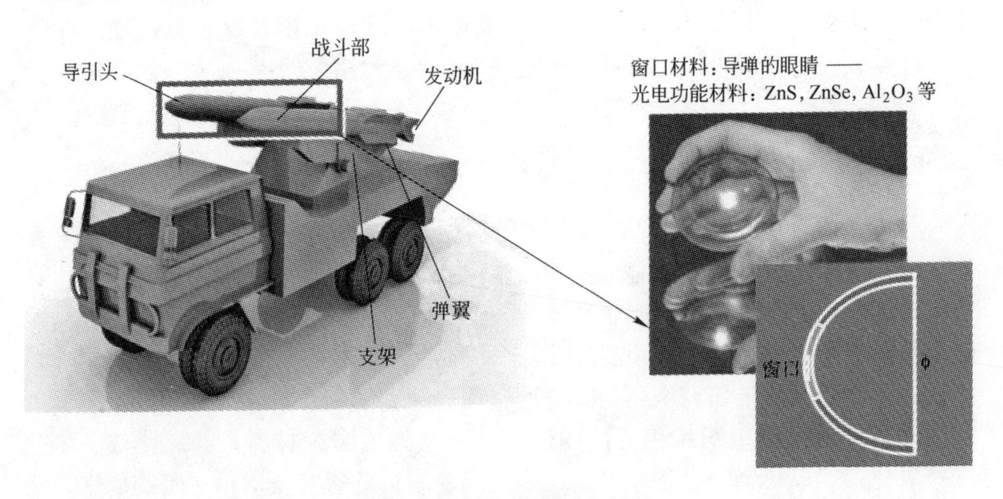

图 2-8 舰空导弹某型装备
（摘自新华社发国庆 60 周年阅兵受阅装备示意图）

中有着广泛的应用。有如下几类材料：

（1）碲镉汞、锑化铟，是红外探测器的重要材料。

（2）硫化锌、硒化锌、砷化镓，主要用于制作飞行器、导弹以及地面武器装备的红外探测系统的窗口、头罩、整流罩等。

（3）氟化镁，具有较高的透过率、较强的抗雨蚀、抗冲刷能力，它是较好的红外透射材料。

（4）激光晶体和激光玻璃，是高功率和高能量固体激光器的材料，典型的激光材料有红宝石晶体、掺钕钇铝石榴石、半导体激光材料等。

被誉为陆战之剑的是火炮与导弹武器装备，“战斧”式巡航导弹（见图2-9）是美国研制的一种从敌防御火力圈外投射的纵深打击武器，能够自陆地、船舰、空中与水面下发射，主要用于对严密设防区域的目标实施精确攻击。其关键材料是导弹的头锥和喷管材料，要求具备很好的耐高温、耐烧蚀、抗热震功能。碳-碳复合材料是由碳纤维增强剂与碳基体组成的复合材料，具有比强度高、抗热震性好、耐烧蚀性强、性能可设计等一系列优点，是目前发现唯一能抗2800℃高温的材料。它是用作洲际导弹弹头的鼻锥帽。近期研制的远程洲际导弹几乎都采用了碳-碳复合材料鼻锥帽，它在固体火箭喷管和航天飞机的机翼前缘也有应用。

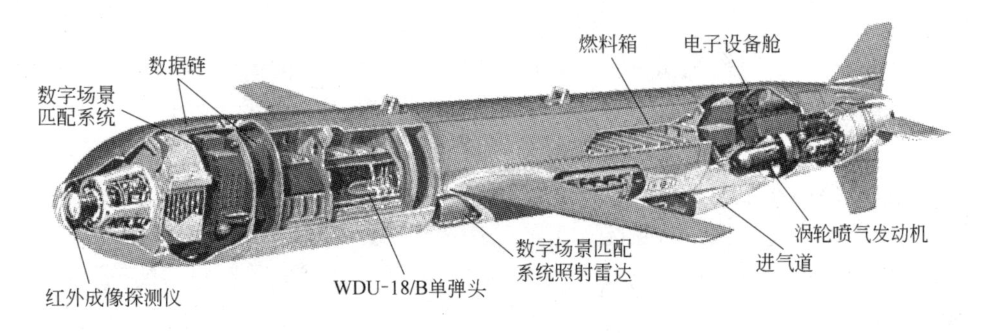

图2-9　“战斧”式巡航导弹结构

2.2.1.6　材料与直升机

陆军装备还有必不可少的低空旋风——直升机。武直-10型直升机（见图2-10）的主桨由5片全95KT复合材料桨叶构成，直径约为12m，尾桨由4片弹性玻璃纤维宽叶组成，机身为纳米隐身材料。

2.2.1.7　材料与隐身技术

现代攻击武器的发展，特别是精确打击武器的出现，使武器装备的生存力受到了极大的威胁，单纯依靠加强武器的防护能力已不实际。隐身技术是现代武器

图 2-10 武直-10 直升机装备

防护的重要发展方向，使敌方的探测、制导、侦察系统失去功效，尽可能地隐蔽自己，掌握战场的主动权。

隐身技术最有效手段是采用隐身材料。国外隐身技术与材料的研究始于第二次世界大战期间，起源于德国，发展于美国，并扩展到英国、法国、俄罗斯等发达国家。目前，美国在隐身技术和材料研究方面处于领先水平。在航空领域，许多国家都已成功地将隐身技术应用于飞机的隐身；在常规兵器方面，美国对坦克、导弹的隐身材料研究做了不少工作，陆续用于装备，如美国 M1A1 坦克上采用了雷达波和红外波隐身材料，前苏联 T-80 坦克也涂敷了隐身材料。

隐身材料分为毫米波结构吸波材料、毫米波橡胶吸波材料和多功能吸波涂料等，隐身材料的作用是能够降低毫米波雷达和毫米波制导系统的发现、跟踪和击中的概率，而且能够兼顾可见光、近红外伪装和中远红外热迷彩的效果。

近年来国外着重于提高与改进传统隐身材料，并开展多种新材料的探索，如晶须材料、纳米材料、陶瓷材料、手性材料、导电高分子材料等，逐步应用到雷达波和红外隐身材料，使涂层更加薄型化、轻量化。其中纳米材料因其具有极好的吸波特性、宽频带、兼容性好、厚度薄等特点，发达国家均把它作为新一代隐身材料加以研究和开发。国内毫米波隐身材料的研究起步于 20 世纪 80 年代中期，研究单位主要集中在兵器系统。经过多年的努力，预研工作取得了较大进展，该项技术可用于各类地面武器系统的伪装和隐身，如主战坦克、155mm 先进加榴炮系统及水陆两用坦克。

目前，电磁波吸收型涂料、电磁屏蔽型涂料已开始在隐身飞机上涂装，世界上正在研制的第四代超声速歼击机，其机体结构采用复合材料＋翼身融合体和吸波涂层，使之真正具有了隐身功能，美国和俄罗斯的地对空导弹正在使用轻质、宽频带吸收、热稳定性好的隐身材料。可以预见，隐身技术的研究和应用已成为世界各国国防技术中最重要的课题之一。

2.2.2 材料与海军武器装备

海军武器装备是海军诸兵种执行作战、训练任务、实施勤务保障的各种战斗装备和技术装备的总称。海军武器装备的组成主要包括舰艇、海军飞机、海军导弹、水中武器、海军炮、两栖车辆等战斗装备；以及海军通信、导航、侦察、雷达、声呐、电子对抗、三防（防核、防化学、防生物武器）、特种车辆、海洋测绘、气象、防险救生、动力、机电等技术装备及专用设备。

建立一支强大的海军，一直是我国全体人民的共同愿望。在中国近现代史上，中国在两次鸦片战争以及1895年中日甲午战争的失败，都与海军直接相关。在现代战争中，海军的作用更加突出。中国有漫长的海岸线，有辽阔的海洋国土和专属经济区，没有强大的海军如何保卫？因此，必须建设一支强大的人民海军，保卫万里海疆，要进一步唤起国人的海洋国土意识，要增强为建设海上钢铁长城作贡献的自觉性和积极性。建设强大海军对于保障我国经济持续、稳定、高速发展，也有深刻的现实意义和重要的战略意义。

2.2.2.1 材料与隐身技术

材料对于海军武器装备至关重要。如舰船隐蔽用减振与消声材料，主要应用于舰船上的表面消声瓦；基体的钛合金；螺旋桨、筏体、减振基座的高阻尼减振材料，如图2-11所示。

图2-11 舰船隐蔽用减振与消声材料在核潜艇上的应用

潜艇提高隐身性能有两大法宝：一是降低潜艇自身的噪声水平；二是减少潜艇对雷达波和声呐探测的反射率以及降低潜艇的红外和磁性特征。消声瓦的降噪原理是在艇体与海水之间产生阻抗匹配，使声波能够传入消声瓦内，由于消声瓦材料的阻尼作用再加上瓦内空腔或填充物的作用使声波的波形发生了变换，从而使声波减弱或完全被吸收。

阻尼减振是指一个自由振动的固体，即使与外界完全隔离，它的机械能也能转化为热能的现象。采用高阻尼功能材料的目的是减振降噪，在军事工业中具有十分重要的意义。

阻尼材料及技术在武器上的应用研究工作受到了极大的关注，一些发达国家专门成立了阻尼材料在武器装备上应用的研究机构。美国海军已采用 Mn-Cu 高阻尼合金制造潜艇螺旋桨，取得了明显的减振效果。20 世纪 80 年代后，国外阻尼减振降噪技术有了更大的发展，借助 CAD/CAM 在减振降噪技术中的应用，把设计—材料—工艺—试验一体化，进行了整体结构的阻尼减振降噪设计。我国在 70 年代前后进行了阻尼减振降噪材料的研究工作，并取得了一定的成果，但与发达国家相比，仍有一定的差距。

阻尼材料主要应用集中在船舶、航空、航天等工业部门。在船舶工业中，阻尼材料用于制造推进器、传动部件和舱室隔板，有效地降低了来自于机械零件啮合过程中表面碰撞产生的振动和噪声。

水面舰艇上最主要的隐身材料有两种，一种是用于桅杆、机库壁、舱门以及上层建筑的吸波涂料；另一种是用于舰船结构的结构吸波复合材料以及舰船隐蔽用吸收雷达波隐身材料。对水面舰艇而言，隐身的目的主要是减小其雷达反射截面，从而减小遭受反舰导弹攻击的危险性。因此，吸收雷达波材料是水面舰艇上最主要的隐身材料，如图 2-12 所示。

图 2-12 舰船隐蔽用吸收雷达波隐身材料

2.2.2.2 储氢材料的应用

近十几年来，国内外一直在研究常规潜艇使用的不依赖于空气的水下推进系统（简称 AIP 系统），以延长水下潜航的时间，提高潜艇的隐蔽性，其中燃料电池的研究如火如荼。燃料电池是 AIP 系统的水下动力源之一，受到各国海军的高度重视。燃料电池可以把化学能直接转化为电能，从而免去电池充电和放电时的损耗，效率可达 70% 以上。以氢为燃料和氧为助燃剂的燃料电池十分适用于潜艇。氢与氧可在低温下发生反应，不产生任何噪声。化学反应生成的水可在艇内积蓄起来，使艇的质量不产生任何变化，也不向艇外排放任何废弃物。

储氢材料是指某些过渡族金属、合金和金属间化合物，由于其特殊的晶格结构，氢原子比较容易透入金属晶格的四面体或八面体间隙位中，形成了金属氢化物，它是制作燃料电池的关键材料之一。

储氢材料按成分可分为稀土系、钛系、锆系和镁系 4 大类。作为实用性的储氢材料应满足以下条件：

（1）储氢容量大；

（2）吸放氢速度快，特别是放氢速度快；

（3）放氢温度最好在室温左右，放氢压力大于 1MPa（10 个大气压）；

（4）性能稳定，可反复多次使用，对杂质敏感性小；

（5）原材料来源丰富，价格便宜。

符合以上条件的储氢材料有 Mg_2Ni、MgH_2、TiNi、TiFe、$TiFe_{0.9}Mn_{0.1}$、$LaNi_5$、$ZrMn_2$ 等。潜艇上用储氢燃料电池如图 2-13 所示。

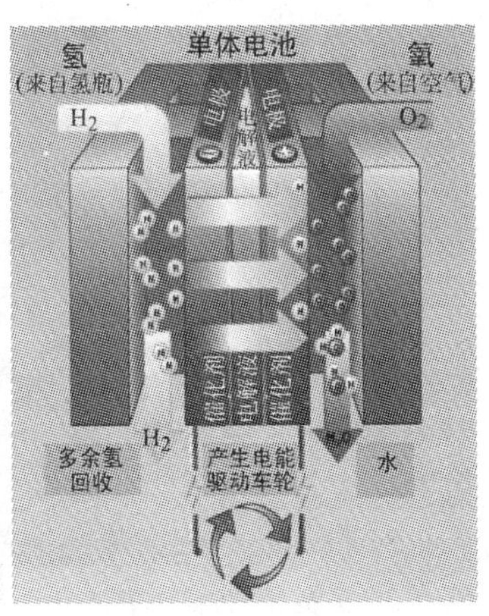

图 2-13 潜艇上用储氢燃料电池

2.2.2.3 先进树脂基复合材料的应用

先进树脂基复合材料是指用碳纤维、陶瓷纤维、芳纶纤维等增强的聚合物复合材料，由于其具有高强度、耐摩擦、耐冲击等一系列优异的性能，因此大量用于舰艇活塞、轴承以及声呐导流罩等部位。美国“洛杉矶”级核潜艇用先进树脂基复合材料制作声呐导流罩，长 7.6m，最大直径 8.1m，是目前世界上最大的先进树脂基复合材料制品。装甲用芳纶纤维增强塑料，船上活塞、轴承用碳纤维增强减摩复合材料制作，如图 2-14 所示。

图 2-14　先进树脂基复合材料的应用

2.2.3　材料与空军武器装备

空军是以航空兵为主体，进行空中斗争、空对地斗争和地对空斗争的军种。多数国家的空军由航空兵、地空导弹兵、高射炮兵和雷达兵种组成，有的还编有地上战略导弹部队和空降兵。空军装备的机种通常有歼击机、轰炸机、歼击轰炸机、强击机、侦察机、运输机、直升机及其他特种飞机。少数国家采取空军、防空军分立制，空军不承担国土防空任务。空军具有快速反应、高速机动、远程作战和猛烈突击的能力。在过去相当长的时期里，空军主要是支援陆军、海军作战。随着装备技术水平和战争形态、作战样式的演变，现代空军不仅能与其他军种实施联合作战，还能独立遂行战役、战略任务，对战争的进程和结局产生重大影响，成为现代国防和高技术局部战争中一支重要的战略力量。

21 世纪是空天力量主宰战争的世纪。目前，世界各军事强国都把航空武器装备的发展摆在突出的位置。21 世纪，各国业已开始的新的战略调整将更加深入，空军在各国军事力量中的位置和作用将进一步提高。科学技术成果的广泛运用，将使空军武器更加先进。空军的战场也将发展到太空，空地海天一体战将成为 21 世纪新的战争模式，空天战将成为空军作战的重要组成部分，制空权将成为空军 21 世纪争夺的新的制高点。

2.2.3.1　铝合金的应用

如图 2-15 所示，铝合金一直是军事工业中应用最广泛的金属结构材料。铝合金具有密度低、强度高、加工性能好等特点，作为结构材料，因其加工性能优良，可制成各种截面的型材、管材、高筋板材等，以充分发挥材料的潜力，提高构件刚度和强度。所以，铝合金是武器轻量化首选的轻质结构材料。

图 2-15　铝合金在战斗机上的应用

铝合金的发展趋势是追求高纯、高强、高韧和耐高温，在军事工业中应用的铝合金主要有铝锂合金、铝铜合金（2000 系列）和铝锌镁合金（7000 系列）。

新型铝锂合金应用于航空工业中，预测飞机质量将下降 8% ~15%；铝锂合金同样也将成为航天飞行器和薄壁导弹壳体的候选结构材料。随着航空航天业的迅速发展，铝锂合金的研究重点是解决厚度方向的韧性差和降低成本的问题。

2.2.3.2　钛合金的应用

钛合金具有较高的抗拉强度（441 ~ 1470MPa），较低的密度（4.5g/cm^3），优良的抗腐蚀性能和在 300 ~ 550℃ 温度下有一定的高温持久强度和很好的低温冲击韧性，是一种理想的轻质结构材料。钛合金具有超塑性的功能特点，采用超塑成型—扩散连接技术，可以以很少的能量消耗和材料消耗将合金制成形状复杂和尺寸精密的制品。

钛合金在航空工业中的应用主要是制作飞机的机身结构件、起落架、支撑梁、发动机压气机盘、叶片和接头等；在航天工业中，钛合金主要用来制作承力构件、框架、气瓶、压力容器、涡轮泵壳、固体火箭发动机壳体及喷管等零部件。20 世纪 50 年代初，在一些军用飞机上开始使用工业纯钛制造后机身的隔热板、机尾罩、减速板等结构件；60 年代，钛合金在飞机结构上的应用扩大到襟翼滑轨、承力隔框、起落架梁等主要受力结构中；70 年代以来，钛合金在军用飞机和发动机中的用量迅速增加，从战斗机扩大到军用大型轰炸机和运输机，它在 F-14 和 F-15 飞机上的用量占结构质量的 25%，在 F-100 战斗机和 TF39 发动机上的用量分别达到 25% 和 33%；80 年代以后，钛合金材料和工艺技术得到进一步发展，一架 B1B 飞机需要大量的钛材。现有的航空航天用钛合金中，应用最广泛的是多用途的 $\alpha+\beta$ 型 Ti-6Al-4V 合金。近年来，美国、俄罗斯等发达国家相继研究出两种新型钛合金，它们分别是高强高韧可焊及成型性良好的钛合金和高温高强阻燃钛合金，这两种先进钛合金在未来的航空航天业中具有良好的应用前景。图 2-16 所示为钛合金在战斗机上的应用。

F-86战斗机1%钛

X-15试验机17.5%钛

SR-71高空高速侦察机93%钛

当今，钛合金用量占飞机结构质量的百分比已成为衡量飞机用材先进程度的重要标志之一，钛被誉为“太空金属”

F-22重型隐身战斗机39%钛

图 2-16 钛合金在战斗机上的应用

在过去相当长的时间里，钛合金由于制造成本昂贵，应用受到了极大的限制。近年来，世界各国正在积极开发低成本的钛合金，在降低成本的同时，还要提高钛合金的性能。在我国，钛合金的制造成本还比较高，随着钛合金用量的逐渐增大，寻求较低的制造成本是发展钛合金的必然趋势。

2.2.3.3 超高强度钢的应用

超高强度钢是屈服强度和抗拉强度分别超过 1200MPa 和 1400MPa 的钢，它是为了满足飞机结构上要求高比强度的材料而研究和开发的。超高强度钢大量用于制造火箭发动机外壳，飞机机身骨架、蒙皮和着陆部件以及高压容器和一些常规武器。由于钛合金和复合材料在飞机上应用的扩大，钢在飞机上用量有所减少，但是飞机上的关键承力构件仍采用超高强度钢制造。目前，在国际上有代表性的低合金超高强度钢 300M，是典型的飞机起落架用钢，如图 2-17 所示。此外，低合金超高强度钢 D6AC 是典型的固体火箭发动机壳体材料。超高强度钢的发展趋势是在保证超高强度的同时，不断提高韧性和抗应力腐蚀能力。

超高强度钢：作为起落架材料应用在飞机上，寿命超过5000飞行小时，如300M钢（抗拉强度1950MPa）及 AerMet100 钢

图 2-17　超高强度钢作为飞机起落架材料

2.2.3.4　树脂基复合材料的应用

树脂基复合材料具有良好的成型工艺性、高的比强度、高的比模量、低的密度、抗疲劳性、减振性、耐化学腐蚀性、良好的介电性能、较低的热导率等特点，广泛应用于军事工业中。树脂基复合材料可分为热固性和热塑性两类。热固性树脂基复合材料是以各种热固性树脂为基体，加入各种增强纤维复合而成的一类复合材料；而热塑性树脂则是一类线性高分子化合物，它可以溶解在溶剂中，也可以在加热时软化和熔融变成黏性液体，冷却后硬化成为固体。树脂基复合材料具有优异的综合性能，制备工艺容易实现，原料丰富。在航空工业中，树脂基复合材料用于制造飞机机翼、机身、鸭翼、平尾和发动机外涵道；在航天领域，树脂基复合材料不仅是方向舵、雷达、进气道的重要材料，而且可以制造固体火箭发动机燃烧室的绝热壳体，也可用作发动机喷管的烧蚀防热材料。近年来研制的新型氰酸树脂复合材料具有耐湿性强、微波介电性能佳、尺寸稳定性好等优点，广泛用于制作宇航结构件、飞机的主次承力结构件和雷达天线罩。

军用飞机上复合材料的应用大致可分为三个阶段：

（1）第一阶段，复合材料主要用于舱门、口盖、整流罩以及襟副翼、方向舵等操纵面上，受力较小，制件尺寸较小，大约于 20 世纪 70 年代初即已实现。

（2）第二阶段，复合材料开始应用于垂尾、平尾等受力较大、尺寸较大的尾翼级部件，其中，美国 F-14 战斗机在 1971 年把硼纤维增强的环氧树脂复合材

料成功应用在平尾上，被称为复合材料史上的一个里程碑。自 20 世纪 70 年代初至今，国外军机尾翼级的部件均已用复合材料制造。

（3）第三阶段，复合材料进入机翼、机身等受力大、尺寸大的主要承力结构中。其中，1976 年美国麦道飞机公司率先研制了 F/A-18 的复合材料机翼，把复合材料的用量提高到了 13%，成为复合材料史上的又一个里程碑。此后，国外军机群起仿效，几乎都采用了复合材料机翼。目前世界军机上复合材料用量约占全机结构质量的 20% ~50%。

歼-20 机身复合材料使用比例很可能会达到 40% ~50%，主要是环氧树脂基复合材料和碳纤维材料；其他部分主要是钛合金和传统铝合金。

歼-11BS 重型战斗轰炸机，两个高大的垂尾有近 4/5 的体积使用了复合材料，而全动平尾则是全复合材料。同时还在主翼、边条、进气口和尾翼以及前缘机动襟翼大量使用复合材料和不导电材料。

树脂基复合材料在战斗机上的应用如图 2-18 所示。

美国F-14战斗机在1971年把硼纤维增强的环氧树脂复合材料成功应用在平尾上，被称为复合材料史上的一个里程碑

美国麦道飞机公司于1976年率先研制了F/A-18的复合材料机翼，把复合材料的用量提高到了13%，成为复合材料史上的又一个里程碑

歼-20机身复合材料使用比例很可能会达到 40%～50%，主要是环氧树脂基复合材料和碳纤维材料；其他部分主要是钛合金和传统铝合金

歼-11BS重型战斗轰炸机，两个高大的垂尾有近4/5的体积使用了复合材料，而全动平尾则是全复合材料，同时还在主翼、边条、进气口和尾翼以及前缘机动襟翼大量使用复合材料和不导电材料

图 2-18 树脂基复合材料在战斗机上的应用

2.2.4 材料与航天装备

航天事业是综合国力的象征，也是国防现代化的重要方面。几十年来，随着航天事业的发展，我国的军事航天装备在形成战略威慑、保卫国家安全方面，发挥着重要作用。目前，我国已具备了较完整的地地导弹、防空导弹、海防导弹的研制、生产、发射能力，具备了战略核武器威慑力量，使我国国防的钢铁长城更加坚固。正如邓小平同志强调指出的："如果60年代以来中国没有原子弹、氢弹，没有发射卫星，中国就不能叫有重要影响的大国，就没有现在这样的国际地位。这些东西反映一个民族的能力，也是一个民族、一个国家兴旺发达的标志。"

2.2.4.1 陶瓷基复合材料的应用

陶瓷基复合材料（CMC）是以纤维、晶须或颗粒为增强体，与陶瓷基体通过一定的复合工艺结合在一起组成的材料的总称，由此可见，陶瓷基复合材料是在陶瓷基体中引入第二相组元构成的多相材料，它克服了陶瓷材料固有的脆性，已成为当前材料科学研究中最为活跃的一个方面。陶瓷基复合材料具有密度低、比强度高、力学性能和抗热振冲击性能好的特点，是未来军事工业发展的关键支撑材料之一。陶瓷材料的高温性能虽好，但其脆性大。改善陶瓷材料脆性的方法包括相变增韧、微裂纹增韧、弥散金属增韧和连续纤维增韧等。陶瓷基复合材料主要用于制作飞机燃气涡轮发动机喷嘴阀，它在提高发动机的推重比和降低燃料消耗方面具有重要的作用。GE航空先进项目负责人戴尔·卡尔森表明："我们正在研发新型发动机，到2020年前后将把陶瓷基复合材料推进到基本的、可靠的应用阶段。"

美国ATK公司获得波音公司合同，研发轻质低噪声陶瓷基复合材料喷气发动机尾喷管，适用于下一代飞机的更高效发动机需要尾喷管材料能够忍受比现在钢材料更高的温度。该公司表示陶瓷基复合材料和铝一样轻，能够忍受超过1500℉（815.6℃）的高温。这些革新的材料也能够提高声学性能，也可应用于商用或军用飞机结构件以及大型涡扇发动机包容机匣。

2.2.4.2 碳-碳复合材料的应用

20世纪80年代以来，碳-碳复合材料的研究进入了提高性能和扩大应用的阶段。在军事工业中，碳-碳复合材料最引人注目的应用是航天飞机的抗氧化碳-碳鼻锥帽和机翼前缘，用量最大的碳-碳产品是超声速飞机的刹车片（见图2-19）。

在支撑新军事变革和武器装备迅速发展的过程中，军用新材料发展趋势表现在以下几个方面：一是复合化，通过微观、介观和宏观层次的复合，大幅度提高材料的综合性能；二是低维化，通过纳米技术制备纳米颗粒（零维）、纳米线

图 2-19 碳-碳复合材料在航天装备上的应用

(一维)、纳米薄膜（二维）等纳米材料与器件，以实现武器装备的小型化；三是高性能化，通过材料的力学性能、工艺性能以及物理、化学性能指标的提高，实现综合性能不断优化，为提高武器装备的性能奠定物质基础；四是多功能化，通过材料成分、组织、结构的优化设计和精确控制，使单一材料具备多项功能，以达到简化武器装备结构设计，实现小型化、高可靠的目的；五是低成本化，通过节能、改进材料制备和加工技术、提高成品率和材料利用率等方法降低材料制备及应用成本。

材料与能源

本章首先以爱因斯坦相对论“时间就是空间，空间就是时间；质量就是能量，能量就是质量”为引子，介绍常规能源资源石油、煤炭的开发、利用与材料使用的密切关系；随后以大力发展新能源和可再生能源可以逐步改善以煤炭、石油为主的能源结构为出发点，介绍新能源材料，主要包括太阳能电池材料、燃料电池材料、储氢合金材料以及发展风能、生物质能以及核能所需的关键材料等；还以太阳能工业为例，介绍了新型能源功能材料如何解决能源危机与环境污染等问题，并展望了洁净能源新能源材料的发展。

爱因斯坦说：时间就是空间，空间就是时间；质量就是能量，能量就是质量。阐述了质量和能量之间存在着物理内涵关系。那么，什么是能源？简单讲，能源就是能量来源。准确的定义是：自然界赋存的已经查明和推定的能够提供热、光、动力和电能等各种形式的能量来源。

3.1 传统能源材料

传统的能源材料有木材、煤、石油、天然气等。钻木取火，是人类第一次使用木材的燃烧来获取能源，从而改变了人类的生活方式，推动了人类的进步！历史上出现的第二种能源材料是煤炭，如图 3-1 所示。

《汉书 · 地理志》记载：“豫章郡出石可燃，为薪。”豫章郡就是现在的江西省南昌市市区，表明东汉时期，煤已用于江西南昌附近人民的日常生活中。由于煤的热值是木材的 2. 4 倍，因此同质量的煤比硬木材燃烧释放的热量多 1. 4 倍。煤的广泛使用推动了冶铁、制陶等技术的发展。明朝科学家宋应星在他的《天工

图 3-1 煤——古代称“石炭”、“乌薪”、“黑金”、“燃石”

开物》一书中记载，用煤作为燃料的约占冶铁行业的 7/10。说明煤炭已是冶铁的主要燃料。

《后汉书·郡国志注》对石油产地、性质做了较详细的描述，比如石油产于石下，比水轻，有毒性；燃烧时，发出明亮的光焰。而《梦溪笔谈》中明确提出“石油”一名（见图 3-2）。

图 3-2 石油——古代称“石漆”、“水肥”、“石脂”、“猛火油”、“雄黄油”、“石脑油”

第一次工业革命的标志是蒸汽机的发明。那时的主要能源材料是煤炭。但随着内燃机的发明，石油便成为至今为止最重要的内燃机燃料。而天然气主要存在于油田气、气田气、煤层气、泥火山气和生物生成气中，也有少量出于煤层。中国古代天然气的开采和掘井技术与盐井开采紧密相连。四川开凿的许多盐井，同时也是天然气井，当时叫火井。人们在实践中，认识到天然气能自燃而不助燃的性能，汉代就已克服了火井爆炸的困难。晋代人曾对四川火井作过诗意描写：

"火井沉荧于幽泉，高烟飞煽于天垂。"明朝宋应星在著名的《天工开物》一书中对火井煮盐做了详细的记述，书中还绘有火井煮盐图。

前面所提到的作为天然资源的煤炭、石油和天然气，都是一种碳氢化合物或其衍生物，也可以称之为矿石燃料。目前，世界能源消耗还是以这类传统的矿物能源为主，此类能源材料不仅严重破坏生态环境，而且矿物能源材料不可再生，矿物能源面临枯竭：地球上已探明的1770亿吨石油储量仅够开采50年；已探明的173万亿立方米天然气仅够开采63年；已探明的9827亿吨煤炭还可用300～400年。巨大的能源危机使人类的发展面临瓶颈。同时，矿石燃料的过度开采以及石油化工的高速发展，带来了严重的生态破坏（见图3-3和图3-4）。那么，怎

煤炭开采

石油开采

天然气开采

图3-3　矿石燃料的过度开采

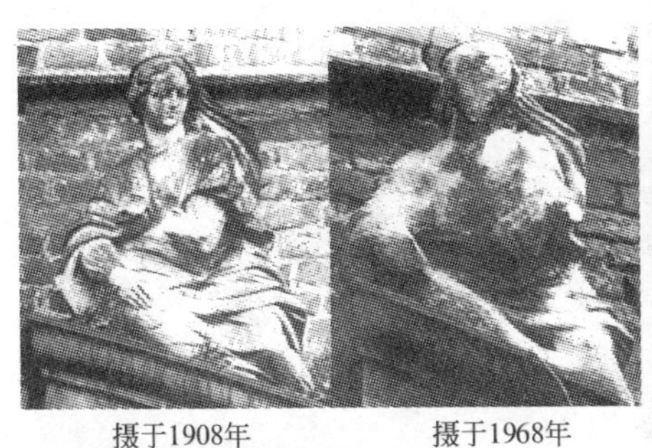

摄于1908年

摄于1968年

英国伦敦烟雾事件

图3-4　生态破坏

样解决巨大的能源危机？科学家提出资源与能源最充分利用技术和环境最小负担技术。新能源与新能源材料是两大技术的重要组成部分。

3.2 新能源材料

新能源又称非常规能源，是指在新技术基础上，系统地开发利用的新能源，泛指传统能源之外的各种能源形式，如核能、太阳能、风能、生物质能、地热能、潮汐能等，如图 3-5 所示。

图 3-5 几种新能源

新能源材料是指能实现新能源的转化和利用以及发展新能源技术所需的关键材料。新能源的发展必须依靠新材料的开发与利用才能使新系统得以实现，并提高其利用效率，降低成本。

人们把蕴藏于地球内部的热能称为地热能。地球通过火山爆发和温泉外溢等途径，将其内部蕴藏的热能源源不断地输送到地面上来。地热能的利用可分为地热发电和直接利用两大类。潮汐能的产生源于因月球引力的变化引起潮汐现象，潮起潮落所形成的水位差，即相邻高潮潮位与低潮潮位的高度差，称为潮位差或潮差。潮汐能利用的主要方式是发电，潮汐发电与水力发电的原理相似。通过储水库，在涨潮时将海水储存在储水库内，以势能的形式保存，然后，在落潮时放出海水，利用高、低潮位之间的落差，推动水轮机旋转，带动发电机发电。风能与风速密切相关，但风车材料是关键。一个2.5MW的风车，转子叶片直径要80m，包括传动箱的总重达30t；风车高近百米，用材几百吨。风车叶片要有足够的强度和抗疲劳性能，目前主要采用玻璃钢或碳纤维增强塑料，正向增强木材发展。

但是，在这些新能源材料中，核能危险，风能、地热能、潮汐能的地区限制因素太多，生物质能不能满足人类对大规模能源的需求，太阳能将运用最为广泛。

3.2.1 太阳能材料

太阳能在未来能源结构中占有重要地位，太阳辐射的能量在地面上约2%转变为风能，全球风力用于发电功率可达11.3×10^{12}kW，很有发展前景。水能、海洋温差能、潮汐能和生物质能都是来源于太阳；即使是地球上的化石燃料（如煤、石油、天然气等）从根本上说也是远古以来储存下来的太阳能，所以广义的太阳能所包括的范围非常大，地球上一年接受的太阳能总量为3.8×10^{18}kW，太阳每秒钟照射到地球上的能量相当于500万吨煤，每年到达地球表面上的太阳辐射能约相当于13×10^{5}亿吨煤，远大于人类对能源的需求量，而且太阳能拥有普遍、安全卫生、对环境无污染等优点。但太阳辐射到地球的能量密度太低，只有1kW/cm^2，还受气候影响。

对太阳能的利用，主要有以下几个方面，比如太阳能热水器属于光热利用，将太阳辐射能收集起来，通过与物质的相互作用转换成热能加以利用。还有光化转换，就是因吸收光辐射导致化学反应而转换为化学能的过程。其基本形式有植物的光合作用和利用物质化学变化储存太阳能的光化反应。植物靠叶绿素把光能转化成化学能，实现自身的生长与繁衍，若能揭示光化转换的奥秘，便可实现人造叶绿素发电。目前，对太阳能光化转换正在积极探索、研究中。

利用太阳能的大规模发电，是解决能源危机的重要途径。利用太阳能发电的方式目前主要有两种，一种是光—热—电转换，即利用太阳辐射所产生的热能发电。一般是用太阳能集热器将所吸收的热能转换为工质的蒸汽，然后由蒸汽驱动汽轮机带动发电机发电。前一过程为光—热转换，后一过程为热—电转换。另一种是光—电转换。其基本原理是利用光生伏特效应将太阳辐射能直接转换为电能，它的基本装置是太阳能电池（见图3-6）。从理论上讲，光—电转换省去了中间的热交换环节，减少了太阳能的损失。因此，光电转化将太阳辐射能转化为电能加以利用是太阳能利用中最活跃的研究领域。1954年美国贝尔实验室制成了世界上第一个实用的太阳能电池，效率为4%，为太阳能利用进入现代发展时

图 3-6 太阳能利用

期奠定了技术基础，并于 1958 年应用到美国的先锋 1 号人造卫星上。

太阳能光电转化的利用基于光伏效应核心原理，利用太阳电池材料装置。

1839 年，法国物理学家 Edmond Becquerel 研究固体在电解液中的行为时发现了光生伏特效应，简称光伏效应。光伏效应是指光照使不均匀半导体或半导体与金属组合的不同部位之间产生电位差的现象（见图 3-7）。它首先是由光子（光波）转化为电子、光能量转化为电能量的过程；其次，是形成电压过程。有了电压，就像筑高了大坝，如果两者之间连通，就会形成电流的回路。

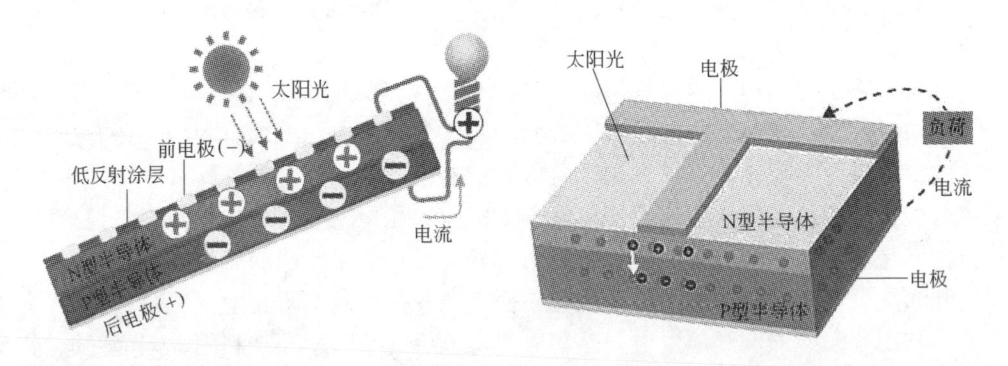

图 3-7 光伏效应原理图

（由单晶硅通过特殊工艺掺入少量的三价元素组成，会在半导体内部形成带正电的空穴；N 型半导体由单晶硅通过特殊工艺掺入少量的五价元素组成，会在半导体内部形成带负电的自由电子。PN 结为 P 型半导体和 N 型半导体的交界面附近的过渡区）

太阳能电池是通过光电效应或者光化学效应直接把光能转化成电能的装置。

太阳能电池片主要作用就是发电，发电主体市场上主流的是晶体硅太阳电池片、薄膜太阳能电池片，两者各有优劣。晶体硅太阳能电池的设备成本相对较低，光电转换效率也高，在室外阳光下发电比较适宜，但消耗及电池片成本很高；薄膜太阳能电池的消耗和电池成本很低，弱光效应非常好，在普通灯光下也能发电，但设备成本较高，光电转化效率是晶体硅电池片的1.5倍，如计算器上的太阳能电池。

因此，优良材料的选择对于太阳能电池效率的提高非常重要，合成和选择具有优良性能的太阳能电池材料，才能获得性能更高的光伏器件。太阳能电池的发展见表3-1。

表3-1 三代太阳能电池

种类		效率/%	特点
第一代太阳能电池	单晶硅	24.7（UNSW） 16～17	商业化，效率高，成本高
	多晶硅	12～17	商业化，产品多样
第二代太阳能电池（薄膜太阳电池）	非晶硅	13（稳定效率） 5～8（产品效率）	价格低，但有衰退
	染料敏化（DSSC）	12	价格很低，但不稳定
	铜铟硒（CIS）	8～12	铟是稀有金属
	有　机	6.5	柔性，但不稳定
	砷化镓	超过30	效率很高，价格贵
第三代太阳能电池	量子点太阳能电池	概念	理论极限效率高达68%
	热载流子太阳能电池	概念	

目前，上海世博会中国馆、主题馆，世博中心、演艺中心等永久建筑的屋顶和玻璃幕墙上安装总装机容量超过4.68MW的太阳能电池，主题馆屋面太阳能板面积达3万多平方米，是目前世界最大的单体面积太阳能屋面材料（见图3-8）。

中国馆

主题馆

图3-8 太阳能电池材料在上海世博会中国馆、主题馆的应用

2004 年，英国曼彻斯特大学两位俄裔科学家：安德烈·海姆和康斯坦丁·诺沃肖洛夫利用胶带成功从铅笔芯中分离出了石墨烯，石墨烯由单层碳原子组成，科学家预言它将改变我们的世界。石墨烯只有一个碳原子厚但却非常致密，300 万层石墨烯才相当于铅笔尖划下的痕迹厚度（大约 1mm）。石墨烯（见图 3-9）是最轻的材料，也是最硬的材料，其硬度比钻石还大，大约是钢铁的 200 倍。石墨烯可以折叠，对光照透明，是热、电的最佳导体，除了水分子，其他原子都无法透过石墨烯。

图 3-9　石墨烯结构

石墨烯的独特性能可以用于手机和电视的显示屏，甚至能制造出可卷曲的便携式显示设备，其次它可以用于制造更强更轻、耗油量更少的飞机，储电量更多、更持久的电池，体积更小、电量传输更快的电脑芯片。同时，石墨烯应用可能会扩充到净化饮用水。由于除了水分子其他粒子无法通过石墨烯，因此石墨烯可以用于制造强大的过滤装置，将海水通过石墨烯过滤就可获得大量的净化水，可解决 30% 世界人口的饮水问题。

更为重要的是，利用石墨烯的高热电传导性能可用于制备太阳能板，用于电动汽车的快速充电和便捷安装，当石墨烯作为汽车涂层时，它将使金属部件更透明、更轻薄、更持久。

3.2.2　氢能材料

氢蕴藏于浩瀚的海洋之中，海洋的总体积约为 13.7 亿立方千米，若把其中的氢提炼出来，约有 1.4×10^9 亿吨，所产生的热量是地球上矿物燃料的 9000 倍。氢燃烧热值高，每千克氢气燃烧后能放出 142.35kJ 的热量，约为汽油的 3 倍、酒精的 3.9 倍、焦炭的 4.5 倍。同时，清洁无污染、燃烧的产物是水，对环境无任何污染，且资源丰富，氢气可以由水分解制取，而水是地球上最为丰富的资源。

传统的制氢方式主要是通过煤、石油、天然气的裂解产生氢气；或者通过电解水制得氢气；由于在氢气制备的过程中消耗了大量的化石燃料，且造成区域环境污染和全球的变暖，因此开发出绿色清洁制氢途径成为氢能源开发的目标之一。

目前，采用最多的方法是以煤、石油或天然气等化石燃料作原料来制取氢气。用蒸汽作催化剂、以煤作原料来制取氢气的基本反应过程为：

$$C + H_2O \longrightarrow CO + H_2$$

用天然气作原料、蒸汽作催化剂的制氢化学反应为：

$$CH_4 + H_2O \xrightleftharpoons{800℃} 3H_2 + CO$$

除此而外，还有光催化分解水制氢、太阳热分解水制氢、太阳能电解水制氢、太阳能光化学分解水制氢、太阳能光电化学分解水制氢、模拟植物光合作用分解水制氢以及光合微生物制氢等，其中光催化分解水是最理想的制氢手段。

氢能的使用涉及三个部分：制备、储存和能量转化。其中，氢气的储存是氢能使用的关键环节。尤其在车载氢能源的使用过程中，氢气的储存是至关重要的一步。从经济角度出发，储氢材料必须具备较大的质量密度和储氢体积。传统的储氢方法有高压储氢、液氢储氢、金属氢化物储氢等。

传统的储氢方法储氢量较低，并且耗能严重。因此，必须寻找新的有效的储氢材料和方法来满足车载氢能源的要求。储氢材料根据吸放氢的机理可分为两大类：物理吸附和化学储氢。物理吸附主要依靠氢气和储氢材料之间的范德华力，代表材料有碳纳米管以及金属有机框架化合物（MOF）等；化学储氢则是循环吸放氢过程中生成新的氢化物，主要有轻质金属镁、铝氢化物、氨基化合物、硼氢化合物等。

市售氢气一般是在 15MPa（150 个大气压）下储存在钢瓶内，氢气质量不到钢瓶质量的 1/100，且有爆炸危险，很不方便。科学家为解决氢的储存和运输问题，研究开发了碳材料、无机化合物、有机化合物以及合金化合物四大类储氢材料。其中，轻质金属储氢存在储量丰富、吸放氢大等优点。在吸氢过程中，首先氢在金属表面解离生成氢原子，氢原子扩散到金属体相生成固溶体 α 相，随着氢压的增加，α 相转变为 β 相（即氢化物相），氢压进一步增加，吸氢量增加缓慢。而碳材料比表面积大，有较强的吸附作用，低温加压可吸储大量氢，吸附储氢和放氢操作都比较简单。

新一代储氢材料代表是富勒烯（fullerene，C60）、碳纳米管（CNT）和石墨烯柱。

谁曾想，被称为“纳米王子”的富勒烯（C60），竟源于天文学的一个发现。光从宇宙深处传到我们的地球，必然要经过宇宙星云，由此可以从光的发射和吸收来了解我们的宇宙究竟有一些什么物质。天文学家就提出能不能模拟宇宙星云的环境，看是否能得出宇宙星云上的物质。在研究宇宙星云光吸收过程中，天文学家发现，光谱图上有几条非常尖锐的谱线，它的来源究竟是什么？有很多推测，不过，人们还是希望和地球上现有的一些物质比较，推测出宇宙中到底含有什么物质。物理学家就想，既然宇宙中存在大量的碳，能不能模拟宇宙星云的环境，再给予很高的温度，看是否能产生一些星云中存在的、地球上常见的物质。

1985 年，英国化学家哈罗德·沃特尔·克罗托博士（Harold Walter Kroto）和美国科学家理查德·埃里特·史沫莱（Richard Errett Smalley）用大功率激光束轰击石墨使其气化，用 1MPa 压强的氦气产生超声波，使被激光束气化的碳原子通过一个小喷嘴进入真空膨胀，并迅速冷却形成新的碳原子，从而得到了富勒烯（C60）。

C60 是单纯由碳原子结合形成的稳定分子，它具有 60 个顶点和 32 个面，其中 12 个为正五边形，20 个为正六边形。其相对分子质量约为 720。处于顶点的碳原子与相邻顶点的碳原子各用近似于 sp^2 杂化轨道重叠形成 σ 键，每个碳原子的 3 个 σ 键分别为一个五边形的边和两个六边形的边。碳原子杂化轨道理论计算值为 $sp^{2.28}$，每个碳原子的 3 个 σ 键不是共平面的，键角约为 108°或 120°，因此整个分子为球状。每个碳原子用剩下的一个 p 轨道互相重叠形成一个含 60 个 π 电子的闭壳层电子结构，因此在近似球形的笼内和笼外都围绕着 π 电子云。分子轨道计算表明，足球烯具有较大的离域能。C60 具有金属光泽，有许多优异性能，如超导、强磁性、耐高压、抗化学腐蚀、在光、电、磁等领域有潜在的应用前景。

富勒烯是一种碳的同素异形体。任何由碳一种元素组成，以球状、椭圆状或管状结构存在的物质，都可以被叫做富勒烯。利用 C60 独特的分子结构，可以将 C60 用作比金属及其合金更为有效和新型的吸氢材料。每一个 C60 分子中存在着 30 个碳-碳双键，因此，把 C60 分子中的双键打开便能吸收氢气。现在已知的较稳定的 C60 氢化物有 C60H24、C60H36 和 C60H48。在控制温度和压力的条件下，可以简单地用 C60 和氢气制成 C60 的氢化物，它在常温下非常稳定，而在 80～215℃时，C60 的氢化物便释放出氢气，留下纯的 C60，它可以被 100% 地回收，并被用来重新制备 C60 的氢化物。与金属或其合金的储氢材料相比，用 C60 储存氢气具有价格较低的优点，而且 C60 比金属及其合金要轻，因此，相同质量的材料，C60 所储存的氢气比金属或其合金要多。

碳纳米管是由石墨原子单层绕同轴缠绕而成或由单层石墨圆筒沿同轴层层套构而成的管状物。其直径一般在一到几十个纳米之间，长度则远大于其直径。碳纳米管作为一维纳米材料，质量轻，六边形结构连接完美。

碳纳米管是一种具有特殊结构（径向尺寸为纳米量级，轴向尺寸可达微米量级）的一维量子材料，具有典型的层状中空结构特征，一般管的两端有端帽封口。碳纳米管的管身是准圆管结构，由六边形碳环结构单元组成，端帽部分为含五边形和六边形的碳环组成的多边形结构。碳纳米管可以只有一层也可以有多层，分别称为单层碳纳米管和多层碳纳米管，其直径一般为 2 ~ 20nm，构成碳纳米管的层片之间的间距约为 0. 34nm。此外，碳纳米管的熔点是目前已知材料中最高的。

1997 年，A. C. Dillon 等人报道了单壁碳纳米管的中空管可储存和稳定氢分子，引起广泛的关注。相关的实验研究和理论计算也相继展开。初步结果表明：碳纳米管自身质量轻，具有中空的结构，可以作为储存氢气的优良容器，储存的氢气密度甚至比液态或固态氢气的密度还高。适当加热，氢气就可以慢慢释放出来。研究人员正在试图用碳纳米管制作轻便的可携带式的储氢容器。据推测，单壁碳纳米管的储氢量可达 10% （质量分数）。但是，碳纳米管用于储氢材料有待商榷，主要问题有两个：一是假如作为容器进行储氢，则无法对其进行可控的封闭和开启；二是假如用于氢气吸附，则其吸附率不超过 1% （质量分数）。

碳酸氢盐与甲酸盐之间可以通过吸氢和放氢化学反应相互转化。有些科学家提出利用这些无机化合物材料可以与氢气发生反应的原理储氢。这种储氢材料优点是原料易得、储存方便、安全性好，但储氢量比较小，催化剂价格较贵。也可以利用苯或甲苯催化加氢反应生成环已烷和甲基环已烷储氢，催化脱氢反应生成氢气、苯或甲苯。有机液体氢化物储氢材料可循环使用，实际储氢量大，储存和运输都很安全方便。但是，催化加氢和催化脱氢装置和投资费用较大，储氢操作比较复杂。

另外，某些金属具有很强的捕捉氢的能力，在一定的温度和压力条件下，这些金属能够大量“吸收”氢气，反应生成金属氢化物，同时放出热量。其后，将这些金属氢化物加热，它们又会分解，将储存在其中的氢释放出来。这些会“吸收”氢气的金属，称为储氢合金，如图 3-10 所示。虽然储氢合金的金属原子

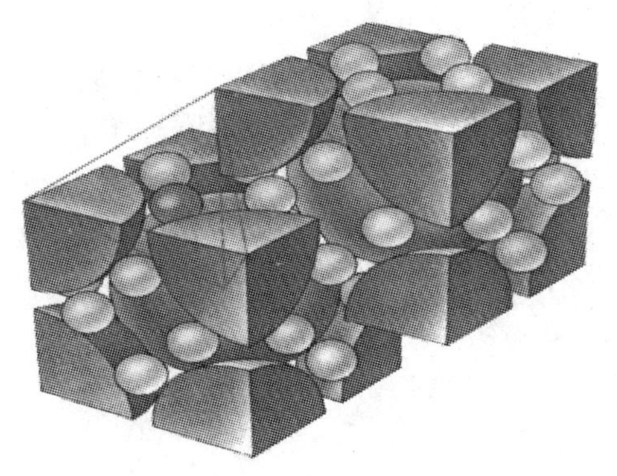

氢在四面体中的位置

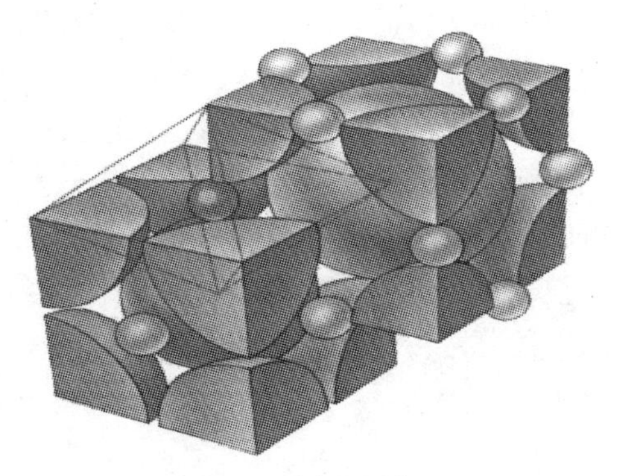

氢在八面体中的位置

图 3-10　合金化合物储氢

之间缝隙不大，但储氢本领却比氢气瓶大得多，因为它能像海绵吸水一样把钢瓶内的氢气全部吸尽。具体来说，相当于储氢钢瓶质量1/3的储氢合金，其体积不到钢瓶体积的1/10，但储氢量却是相同温度和压力条件下气态氢的1000倍，由此可见，储氢合金不愧是一种极其简便易行的理想储氢方法。

储氢合金主要包括有钛系、锆系、镁系及稀土系。储氢合金不光有储氢的本领，而且还有将储氢过程中的化学能转换成机械能或热能的能量转换功能。储氢合金在吸氢时放热，在放氢时吸热，利用这种放热—吸热循环，可进行热的储存和传输，制造制冷或采暖设备。储氢合金还可以用于提纯和回收氢气，它可将氢气提纯到很高的纯度。例如，采用储氢合金，可以以很低的成本获得纯度高于99.9999%的超纯氢。储氢合金，当其用于电池，具有高放电（功率）性能和优异的放电性能，此外，裂化很少，循环寿命性能优异，并可被用于大型电池，尤其是电动车辆、混合动力电动车辆、高功率应用等。储氢燃料电池既可用于汽车、飞机、宇宙飞船，又可用于其他场合供能。

3.2.3 其他能源材料

3.2.3.1 镍氢充电电池

由于目前大量使用的镍镉电池（Ni-Cd）中的镉有毒，使废电池处理复杂，环境受到污染，因此它将逐渐被用储氢合金做成的镍氢充电电池（Ni-MH）所替代。20世纪60年代，荷兰和美国先后发现$LaNi_5$和$MgNi_5$具有可逆吸放氢性能；1973年，将$LaNi_5$作为二次电池负极材料研究；1984年，解决了$LaNi_5$合金在充放电过程中的容量衰减迅速的问题，实现了利用储氢合金作为负极材料制造Ni-MH电池的可能；1987年，工业化Ni-MH电池投产。从电池电量来讲，相同大小的镍氢充电电池电量比镍镉电池高约1.5～2倍，且无镉的污染，现已经广泛地用于移动通信、笔记本计算机等各种小型便携式的电子设备。目前，更大容量的镍氢电池已经开始用于汽油/电动混合动力汽车上，利用镍氢电池可快速充放电过程，当汽车高速行驶时，发电机所发的电可储存在车载的镍氢电池中，当车低速行驶时，通常会比高速行驶状态消耗大量的汽油，因此为了节省汽油，此时可以利用车载的镍氢电池驱动电动机来代替内燃机工作，这样既保证了汽车正常行驶，又节省了大量的汽油。因此，混合动力车相对传统意义上的汽车具有更大的市场潜力，世界各国目前都在加紧这方面的研究。

3.2.3.2 锂离子充电电池

锂离子电池是一种充电电池，是指以锂离子嵌入化合物为正极材料电池的总称。它主要依靠锂离子在正极和负极之间移动来工作。

锂离子电池容易与下面两种电池混淆：

（1）锂电池：以金属锂为负极。

（2）锂离子聚合物电池：用聚合物来凝胶化液态有机溶剂，或者直接用全固态聚合物电解质。

锂离子电池以炭素材料为负极，以含锂的化合物作正极，没有金属锂存在，只有锂离子。锂离子电池的充放电过程，就是锂离子的嵌入和脱嵌过程。在锂离子的嵌入和脱嵌过程中，同时伴随着与锂离子等当量电子的嵌入和脱嵌（习惯上正极用嵌入或脱嵌表示，而负极用插入或脱插表示）。在充放电过程中，锂离子在正、负极之间往返嵌入/脱嵌和插入/脱插，被形象地称为“摇椅电池”。

锂离子电池（表示为 LIB 电池），性能优良，污染较小，被称为绿色电池。二次电池材料开发的重点是大功率、高容量方向。

3.2.3.3 燃料电池

燃料电池是直接将储存在燃料和氧化剂中的化学能高效且与环境友好地转化为电能的材料。燃料电池发电，与火力发电的主要区别是：火力发电原理是化学能—热能—机械能相互转化的火力发电，燃料电池的工作原理是化学能转化为电能。燃料电池发电能量转换效率高，转换过程简单，因不直接燃烧而污染大大减少。如甲醇燃料电池为低温燃料电池，主要用于小型、微型移动/便携式电源，美国洛斯阿拉莫斯国家实验室，日本 NEC、日立、东芝及韩国三星等公司均有研发投入。

直接甲醇燃料电池（DMFC）属于质子交换膜燃料电池（PEMFC）中的一种，直接使用甲醇水溶液或甲醇蒸气为燃料供给来源，而不需通过甲醇、汽油及天然气的重整制氢以供发电。相对于质子交换膜燃料电池（PEMFC），直接甲醇燃料电池（DMFC）具备低温快速启动、燃料洁净环保以及电池结构简单等特性。这使得直接甲醇燃料电池（DMFC）可能成为未来便携式电子产品应用的主流，如图 3-11 所示。

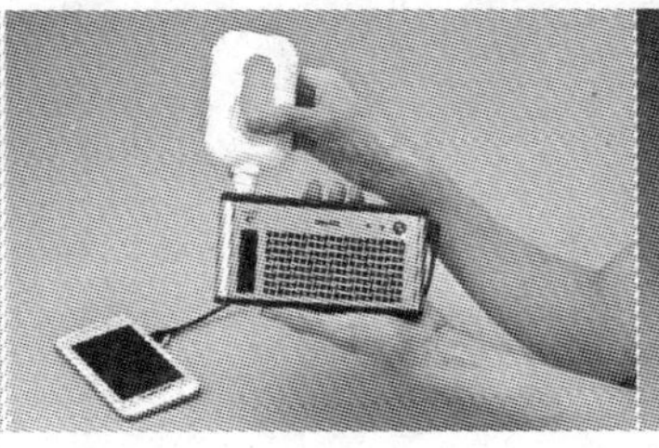

图 3-11 甲醇燃料电池（DMFC）

3.2.3.4 核能

当代科学家研究并开发应用了核能材料，核能被公认是能大规模取代常规能源的替代能源。核能发电的能量来自核反应堆中核燃料进行裂变反应或者核聚变反应所释放的能量。核燃料为铀-235、钚-239、铀-233（钍-232）放射性元素材料。

3.2.3.5 未来能源发展趋势

未来的清洁能源包括氢能、太阳能、风能、核聚变能等，这些能源的利用存在较多的材料问题。其中氢能的利用需要无机分离催化膜、储氢材料（储氢合金、碳纳米管等）；燃料电池需要质子交换膜、高温氧化物电极等材料；利用化学能的二次电池需要氢镍电池、锂离子电池正负极材料及快速充电系统等；太阳能电池需要多晶硅、多结非晶硅及其他高效、长寿、廉价的太阳能光伏转换材料等；风能发电需要风力发电机用大型风力发电机叶片，并要求有足够的强度和抗疲劳性能的材料，如玻璃钢、碳纤维增强塑料、增强木材等；核能发电中快中子增殖堆涉及液体钠的腐蚀等材料问题，核聚变装置需要耐中子辐射、耐高温和抗氢脆的材料；生物质能需要无机分离催化膜等。

随着新能源材料的发展就能实现新能源的转化和利用以及发展新能源技术，主要包括：硅半导体为代表的太阳能电池材料，储氢合金为代表的储氢材料，锂离子电池为代表的二次电池材料，质子交换膜电池为代表的燃料电池材料，铀、氘、氚为代表的反应堆核能材料等。最终实现新能源的利用、缓解和消除能源危机。

太阳能电池材料是新能源材料研究开发的热点，IBM公司研制的多层复合太阳能电池，转换率高达40%。美国能源部全部氢能研究经费中，大约有50%用于储氢技术。固体氧化物燃料电池的研究十分活跃，关键是电池材料，如固体电解质薄膜和电池阴极材料，还有质子交换膜型燃料电池用的有机质子交换膜等，都是目前研究的热点。

综上所述，新的能源材料必须有三个主要属性：一是能把原来使用的能源转变成新能源；二是可提高储能效率，有效进行能量转换；三是可以增加能源利用的新途径。

材料与信息

本章以信息与材料在人类社会的不同发展阶段中相互联系发展的历史为视角，回顾了过去的信息、信息技术与材料之间的联系，并介绍了信息材料及产品在现代电子学、电子工业、现代信息技术中的基础作用；信息材料和产品的分类及用途；实现收集信息的热敏和气敏材料，存储信息的光和磁记录材料以及巨磁阻效应，处理信息的硅集成电路器件材料，传递信息的石英光纤材料和液晶显示材料。

4.1 古代的信息记录与传递

信息、能源与材料并称为现代三大文明！“信息”在英文、法文、德文、西班牙文中均是“information”，日文中为“情报”，我国台湾地区称之为“资讯”，我国古代用的是“消息”。20 世纪 40 年代，信息的奠基人 C. E. Shannon 给出了信息的明确定义“信息是用来消除随机不确定性的东西”。

现代人经常讲的一句话是“记忆终究抵不过时间！”真是这样的，不管你记忆有多好，总会随着时间的流逝而遗忘！其实，古代人也是这样想的，因为怕遗忘，所以就有了数手指头（幺两三四五）、石头代替法 、结绳记事等，如图 4-1 所示。

上古时期的中国及秘鲁印第安人在一条绳子上挽一个结，用以记事。即到近代，一些没有文字的民族，仍然采用结绳记事来传播信息。“事大大结其绳，事小小结其绳，事多多结其绳。”宋代词人张先写过“心似双丝网，中有千千结”，以形容失恋的女孩家心思繁多、心事纠结的状态，真正的是“剪不清，理还乱”。《易 · 系辞下》中有“上古结绳而治，后世圣人易之以书契”。刻契，或称契刻，就是在木头、竹片、石块、泥板等物体上刻划各种符号和标志，用以表示

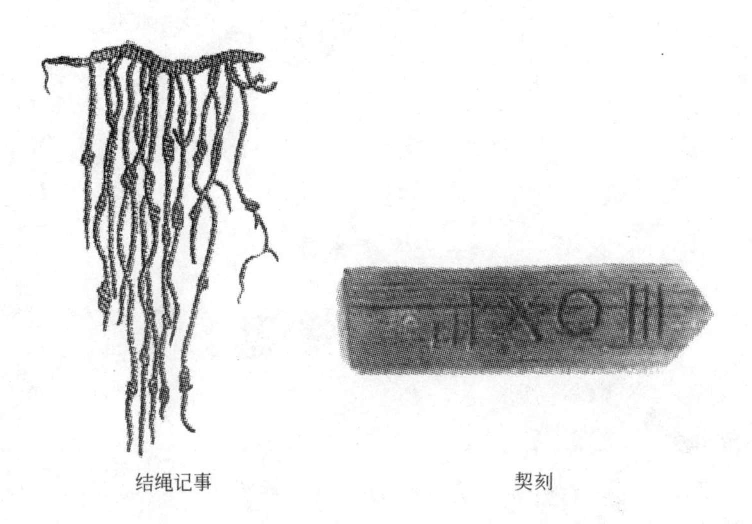

结绳记事　　　　契刻

图 4-1　远古的记事方法

一定的意义。据说，新中国成立之初，居住在云南省的佤族仍用刻契的方法在木棍上记载重大事项。上古无文字，结绳以记事。孔颖达疏："结绳者，郑康成注云，义或然也"。晋葛洪《抱朴子·钧世》："若舟车之代步涉，文墨之改结绳，诸后作而善于前事。"（后以指上古时代）。奇普（Quipu 或 Khipu）是古代印加人的一种结绳记事的方法，用来计数或者记录历史。它是由许多颜色的绳结编成的。这种结绳记事方法已经失传，目前还没有人能够了解其全部含义。

契刻同结绳一样，留下的只是代表某件事情的符号，而不是语言符号。它只能唤起对某种事情的回忆或想象，而不能表达抽象的思想和概念，只能记事而不能达意。

利用实物记事是一个历史阶段，原始人还逐渐利用图画来记事，应该说比实物记事更进一步。刻契因交流应用而发展。最主要的三个方向为：契约合同（经济），虎符将令（军事），信物定情（文化）。

新石器时代中晚期，我国古籍中记载的最早的王之一——伏羲氏根据天地万物的变化，发明创造了八卦，成了中国古文字的发端，也结束了"结绳记事"的历史。

文字是人类用来记录语言的符号系统。一般认为，文字是文明社会产生的标志。马克思主义的观点则认为文字是在阶级社会产生以后才产生的。文字在发展早期都是图画形式的表意文字（象形文字），发展到后期，除汉字外，都成为记录语音的表音文字。我国的汉字及少数民族文字，如藏文、蒙文、维吾尔文等都经历了漫长的发展历史。特殊文字如盲文等也是如此。

在古代，近距离的信息是通过口耳相传、肢体语言或借助器物来传递的，但是口耳相传往往发生信息残缺或放大的情况，鲁迅先生在《汉文学史纲要》第一篇说到“口耳相传，或逮后世。”肢体语言特别是各个部落之间，在语言不通的情况下，利用肢体动作进行的交流，存在理解、沟通的困难，而借助器物记录信息、传递信息在人类历史上是迈了一大步，如竹简、木简、丝绸书、帛书（见图4-2）。

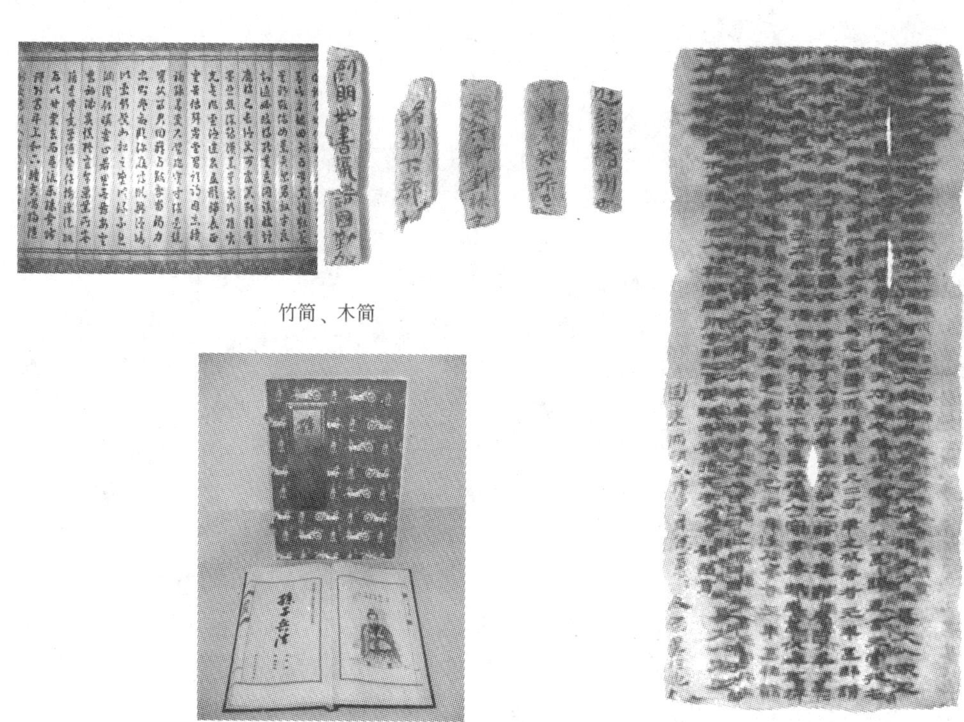

竹简、木简

丝绸书

帛书

图4-2　古代的记事方法

那么我们祖先从什么时候开始用竹片和木板写字的呢？根据记载推断，可能是在殷商时代，《尚书》上说，殷朝已经“有典有册”了。在甲骨文里，也有古写的“册”字。竹简和木简上的字，都是用毛笔写的。在竹简和木简上写字，要比在甲骨上刻字容易，也便于编连，但极其笨重，翻阅起来十分麻烦，携带也不便。据记载，战国时代著名政治家、哲学家惠施旅行的时候，要用五辆车子装他所带的书。他的书，其实就是一捆一捆的竹简和木简。《庄子·天下》说：“惠施多方，其书五车”，是说他知识渊博，书也很多。有个名叫黄缭的人问惠施“天地所以不坠不陷、风雨雷霆之故”，他不假思索，随口回答，说得头头是道，但可惜他的著作早已失传，否则当是最有价值的科学遗产。

大约在春秋战国之际，人们在使用竹木简的同时，还用丝织品来写字、画图。

我国是世界上最早饲养家蚕和织造丝绸的国家。据古书记载，在殷商时代，我国蚕丝业已经相当发达，在甲骨文中，已经有“丝”、“帛”和“桑”等字；另外，还有祭祀蚕神的记载。当时，人们不但有丝绸可以做衣服，甚至连用的东西也用绢帛包起来了。考古工作者曾经发现一些黏附在殷代铜器上面的丝绸残片，有的织成了菱形花纹，有的还有刺绣的图案。

随着社会经济的发展，丝织品的生产也更加普遍。大约在西周时候，人们开始用帛写字。到了春秋战国时期，用帛书写的多起来。古人写的书里，“竹帛”两个字相当于今天的“稿纸”。从1971年底到1974年春天，我国考古工作者发掘了湖南长沙马王堆的三座汉墓，除了发现一具两千多年没有腐烂的女尸外，还获得了大量珍贵的文物。在这些文物中，尤其重要和罕见的是两幅彩绘帛画、两幅画在帛上的地图以及一大批帛书，同时出土的，还有六百多根竹简。这说明当时竹木简和帛是并用的。帛很轻便，便于携带和书写，看起来也很清楚。不过因为昂贵，所以在我国古代帛书不及竹简和木简普遍。

在古代，由于人类生活与生产的需要而创造出了很多种远距离通信的方法，主要有：吹喇叭传信、击鼓传声、烽火台上用烽火狼烟传递军情、用驿站骑马传递文书、飞鸽传信、徒步送信、风筝报信、马拉松传递等。远在周代我国就有了烽火传递信息的方法，烽火作为一种原始的声光通信手段，服务于古代军事战争。

西周时期，为了防备敌人入侵，采用“烽隧”作为边防告急的联络信号。在古史书《周礼》中记载在各国从边疆到腹地的通道上，每隔一段距离，筑起一座烽火台，接连不断，台上有桔槔，桔槔头上有装着柴草的笼子，敌人入侵时，烽火台一个接一个地燃放烟火传递警报。每逢夜间预警，守台人点燃笼中柴草并把它举高，靠火光给邻台传递信息，称为“烽”，白天预警则点燃台上积存的薪草，以烟示急，称为“燧”。古人为了使烟直而不弯，以便远远就能望见，还常以狼粪代替薪草，所以又称为狼烟。周朝规定：天子举烽燧各地诸侯必须马上带兵前去救援，共同抵抗敌人。由此可见，烽燧制度的实施，意味着早在周朝时就已出现了庞大而又完善的军事信息联系网络。但烽火传递信息会出现人为失误，如烽火戏诸侯的故事：西周时的周幽王，为褒姒一笑，点燃了烽火台，戏弄了诸侯。褒姒看了果然哈哈大笑，幽王很高兴，因而又多次点燃烽火。后来诸侯们都不相信了，也就渐渐不来了。

古代信息传递的方式还有：喊叫联络，飞鸽传书，诸葛亮发明的孔明灯，漂流瓶，灯塔引航，旗语等（见图4-3）。喊叫是人类最原始的通信方式。古猿人在狩猎时，通过叫喊驱赶猎物并告诉同伴猎物逃窜的方向。在遇到险情时，用叫喊向别处的伙伴报警。早在3000多年以前，人类的祖先就用击鼓传令的方法传递信息。中华民族的祖先用铜做成直径为2～8m的金鼓，放在一定高度的特制的鼓架上，一旦有敌人侵犯，鼓手就敲出不同的鼓点，进行联络和防卫。信鸽，人们称它为“空中天使”，它有着非凡的归巢能力，所以人们常用它来传递消息和情报。例如：在1870～1871年的普法战争中，巴黎被普鲁士军队重重围困，是信鸽把消息送到了援军手中，解除了巴黎之危。至今法国人对鸽子仍然情有独钟，法国因此被誉为“鸽子王国”。飞鸽传书传递信息时间长、容易遗失，漂流瓶传递信息对象不准确，比较随机。

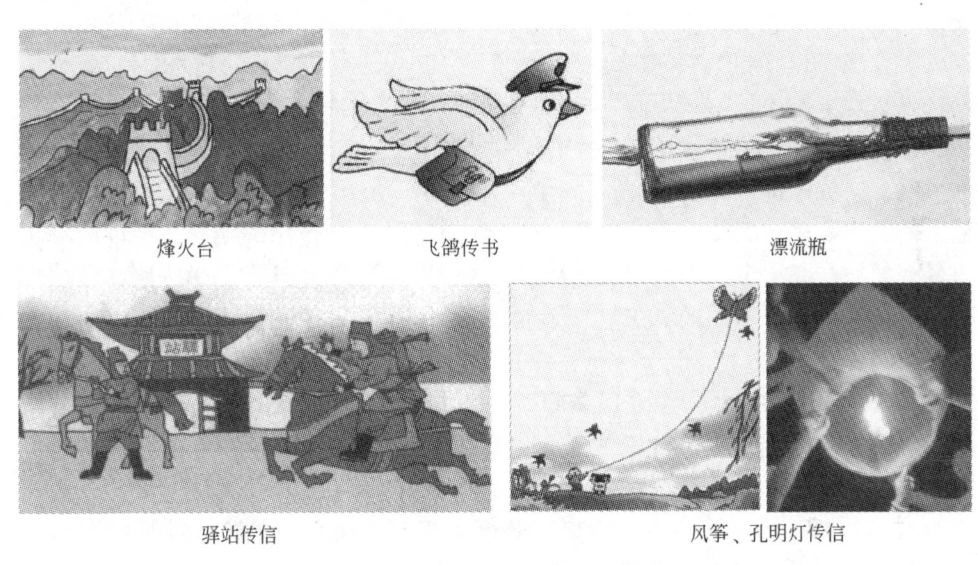

烽火台　飞鸽传书　漂流瓶

驿站传信　风筝、孔明灯传信

人力传信

图4-3　古代的记事方法

在我国古诗文中，鱼被看做传递书信的使者，并用“鱼素”、“鱼书”、“鲤鱼”、“双鲤”等作为书信的代称。唐代李商隐在《寄令狐郎中》一诗中写道：“嵩云秦树久离居，双鲤迢迢一纸书。”古时候，人们常用绢帛书写书信，到了唐代，进一步流行用织成界道的绢帛来写信，由于唐人常用一尺长的绢帛写信，故书信又被称为“尺素”（“素”指白色的生绢）。因捎带书信时，人们常将尺素结成双鲤之形，所以就有了李商隐“双鲤迢迢一纸书”的说法。显然，这里的“双鲤”并非真正的两条鲤鱼，而只是结成双鲤之形的尺素罢了。

书信和“鱼”的关系，其实在唐以前早就有了。秦汉时期，有一部乐府诗集叫《饮马长城窟行》，主要记载了秦始皇修长城，强征大量男丁服役而造成妻离子散之情，且多为妻子思念丈夫的离情，其中有一首五言写道：“客从远方来，遗我双鲤鱼；呼儿烹鲤鱼，中有尺素书。长跪读素书，书中竟何如？上言长相思，下言加餐饭。”这首诗中的“双鲤鱼”，也不是真的指两条鲤鱼，而是指用两块板拼起来的一条木刻鲤鱼。在东汉蔡伦发明造纸术之前，没有现在的信封，写有书信的竹简、木牍或尺素是夹在两块木板里的，而这两块木板被刻成了鲤鱼的形状，便成了诗中的“双鲤鱼”了。两块鲤鱼形木板合在一起，用绳子在木板上的三道线槽内捆绕三圈，再穿过一个方孔缚住，在打结的地方用极细的黏土封好，然后在黏土上盖上玺印，就成了“封泥”，这样可以防止在送信途中信件被私拆。至于诗中所用的“烹”字，也不是真正去“烹饪”，而只是一个风趣的用字罢了。

风筝源于春秋时代，至今已 2000 余年，最初风筝常被利用为军事工具，用于三角测量信号、天空风向测查和通信的手段。就如春秋时期，鲁班“制木鸢以窥宋城”。公元前 206 ~ 公元前 202 年，楚汉相争，汉将韩信攻打未央宫，利用风筝测量未央宫下面的地道的距离。而垓下之战，项羽的军队被刘邦的军队围困，韩信派人用牛皮作风筝，上敷竹笛，迎风作响。

在我国古代，封建王朝为了对所统治的广大疆域实行有效的统治，加强与各地的联系，使文书、政令、公函等文件和军事消息能迅速地传递，在修建的道路上，每隔一段路就建立一个驿站，一般每隔 20 里有一个驿站，一旦需要传递的公文上注明“马上飞递”的字样，就必须按规定以每天 300 里的速度传递。派有专人负责管理，饲养着驿送文书的马匹。驿使在传递文书途中，每到一个驿站，即行换马赶路，这就大大加快了传递的速度。对于紧急文件，更以每天几百里的速度传递，称为“加急”。传送的速度可达到每天 400 里、600 里，最快达到 800 里，因此有“八百里加急”之说。因此，驿站就是古代专供传递政府文书的人中途更换马匹或休息、住宿的地方。现在从地名上还能找到当年驿站的痕迹，如四川省的“龙泉驿”，湖南省的“郑家驿”。诗人岑参在《初过陇山途中呈宇文判官》一诗中写到“一驿过一驿，驿骑如流星。平明发咸阳，暮及陇山头。”在这里他把驿骑比做流星。按唐代官方规定普通驿马要求一天行 180 里左右，最快的则要求日驰 600 里。安禄山在范阳起兵叛乱，当时唐玄宗正在华清宫，两地相隔 3000 里，6 天之内唐玄宗就知道了这一消息，当时的传递速度就达到了每天 500 里。

另外，在人力传信中不得不讲马拉松的故事，马拉松赛跑来源于人类最原始的军事通信形式——奔跑。公元前 490 年，波斯帝国入侵希腊，在首都雅典前沿的马拉松镇，希腊军民与入侵者展开了殊死搏斗，保住了雅典。传令兵斐力庇第斯为了把胜利的消息迅速传回国内，带着受伤的身体，跑了 42km，从马拉松镇跑到雅典，高喊一声：“我们胜利啦!”然后，他就倒地身亡。为了纪念这件事情，人们在奥林匹克运动会中设立了马拉松长跑比赛项目。

4.2 近现代的信息记录与传递

宋代诗人陆游在《渔家傲·寄仲高》中写道“写得家书空满纸。流清泪，书回已是明年事。”意思是游子想家，写家书的时候，心中有万语千言，提笔却不知从哪里说起，只是默默的流泪，再加上离家很远，等收到家乡的回信已经是来年的事情了。反映出当时书信传递的时间很长，一些紧急的事件无法及时传递。

随着科学技术的发展，在近代出现了电报、电话等信息传递工具（见图 4-4）。现代技术中有线的有固定电话、传真、电报、电视等，无线的有对讲机、BP 机、收音机、手机，数字化的有数字电视、电脑、网络，还有报纸等传媒手段等。

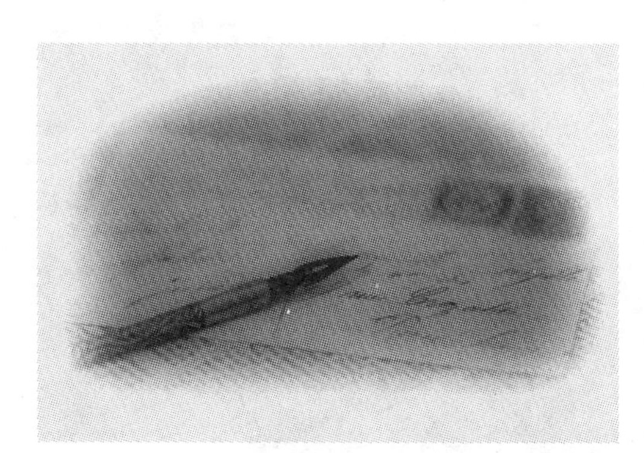

书信

电话

电报

图 4-4 近现代的信息传递方法

4.3 现代信息材料

现代信息技术中，对各种信息的收集、存储、处理、传递和显示是通过各种信息功能器件来实现的，而信息功能器件又是以各种信息材料为主构成的。信息材料就是指与现代信息技术相关，用于实现信息的收集、存储、处理、传递和显示的材料。

4.3.1 信息收集材料

信息收集材料（也称为信息传感材料）是指用于信息传感和探测的一类对外界信息敏感的材料。在外界环境影响下，材料的物理化学性质（特别是电学性质）会发生变化，通过测量这些变化可精确地探测、接收和了解外界信息变化。

信息收集材料主要包括力敏材料、热敏材料、光敏材料、磁敏材料、气敏材料、湿敏材料、压敏材料、生物传感材料等。

热敏传感材料（见图4-5）是指对温度变化具有灵敏响应的材料，主要是电阻随温度显著变化的半导体热敏电阻陶瓷。根据电阻温度系数的正负可分为：

（1）正温度系数（PTC）。电阻值随温度的上升而增大。PTC 热敏材料应用在负载过电流、过热保护（手机充电）的 PTC 热敏传感器上。

（2）负温度系数（NTC）。电阻值随温度升高而减小。NTC 热敏材料广泛应用在抑制浪涌电流、温度检测上，如防浪涌电流插座。

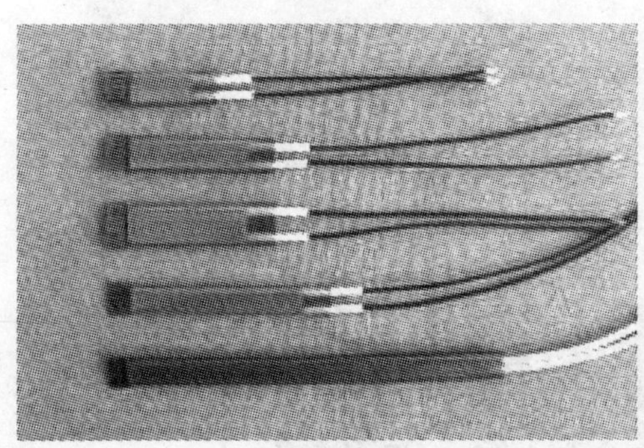

PTC热敏传感器

NTC热敏传感器

图4-5　热敏材料的应用

气敏材料（见图4-6）是对气体敏感，其电阻值会随外界气体变化的材料。气敏材料用于制作气敏传感器，吸附气体后载流子数量变化将导致表面电阻率变化，进而对气体的种类和浓度进行探测。2011 年 5 月 1 日开始实施的《中华人民共和国刑法修正案（八)》，对“饮酒驾车“和“醉酒驾车“制定了严格的界定标准，见表4-1。

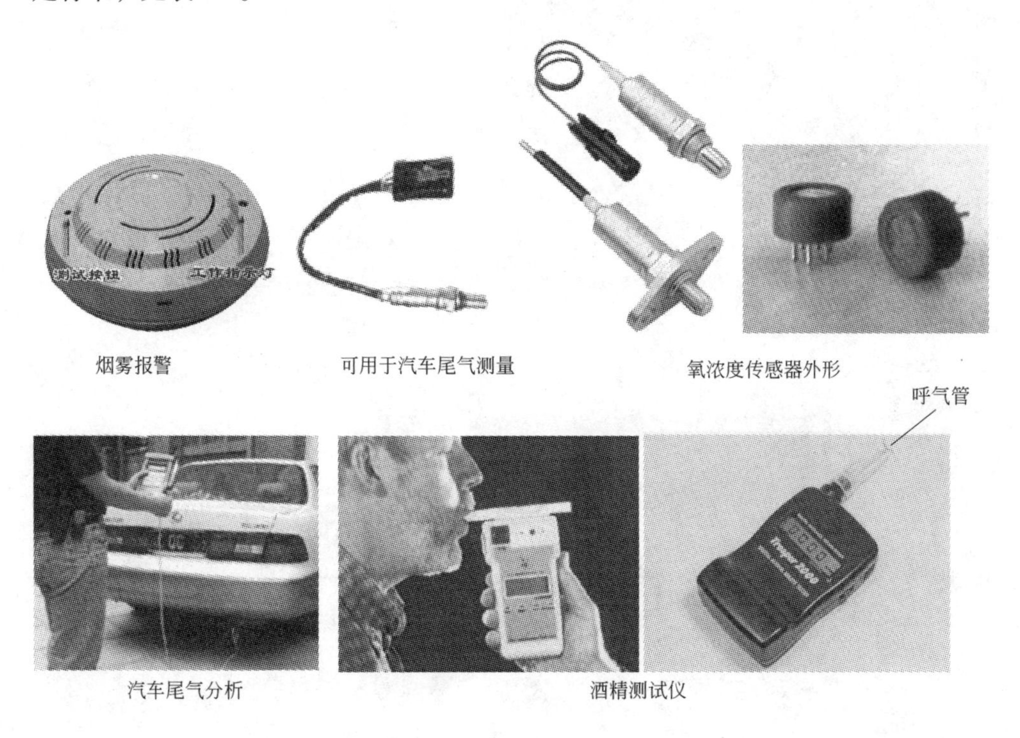

图4-6　气敏材料的应用

表4-1　饮酒驾车和醉酒驾车的界定标准

饮酒驾车	20mg/100mL≤血液中的酒精含量<80mg/100mL
醉酒驾车	血液中的酒精含量≥80mg/100mL

4.3.2　信息储存材料

信息储存材料是在电场、磁场、光照等影响下，材料发生物理或化学变化，实现对信息的存储。有磁记录材料（如磁带、磁条卡)、光存储材料（如光盘）等，如图4-7所示。

4.3.2.1　*磁记录材料*

磁记录材料是指利用磁特性和磁效应输入（写入)、记录、存储和输出（读出）声音、图像、数字等信息的磁性材料，可方便地进行数据的存储和读取工作。

光盘　硬盘　磁带　磁卡上的磁条及芯片

图 4-7　信息储存材料

磁带是一种用于记录声音、图像、数字或其他信号的载有磁层的带状材料，是产量最大和用途最广的一种磁记录材料。通常是在塑料薄膜带基（支持体）上涂覆一层颗粒状磁性材料（如针状 $\gamma\text{-}Fe_2O_3$ 磁粉或金属磁粉）或蒸发沉积上一层磁性氧化物或合金薄膜而成。最早曾使用纸和赛璐珞等作带基，现在主要用强度高、稳定性好和不易变形的聚酯薄膜。

磁条卡是以液体磁性材料或磁条为信息载体，将液体磁性材料涂覆在卡片上（如存折）或将长约 85.6mm 的磁条压贴在卡片上（如常见的银联卡）。磁条按磁通密度分普通磁（300OE）和高抗磁（2750OE），磁条的宽度是 12.5mm，厚度是 10 ~ 12μm，在使用中常用有层压和剥离两种，在国内层压居多，即通过高温高压把磁条和 PVC 卡基结合在一起。

IBM 公司于 1956 年发明了世界上第一块硬盘，仅有 5MB 存储空间，却由 50 多块 24in（60.96cm）的碟片组成。2003 年东芝公司开发出一款直径为 0.85in（2.16cm）的硬盘驱动器，被称为“邮票大小”的硬盘。2010 年希捷发布了 3TB 的 3.5in（8.89cm）硬盘（见图 4-8）。

IBM公司于1956年发明的世界上第一块硬盘，仅有5MB存储空间，却由50多块24in的碟片组成

2003年，东芝公司开发出一款直径为0.85in的硬盘驱动器，被称为“邮票大小”的硬盘

2010年希捷发布了3TB的3.5in硬盘

图 4-8　硬盘的发展

传统磁头的磁致电阻变化仅为 1% ~2%，读取数据时要求信号具有一定强度，磁道密度不能太大，硬盘最大容量只能达到每平方英寸 20MB。1994 年，IBM 公司研制成功巨磁阻效应读出磁头，硬盘存储密度迅速提高到每平方英寸 3GB。

硬盘的结构及其磁片结构如图 4-9 和图 4-10 所示。

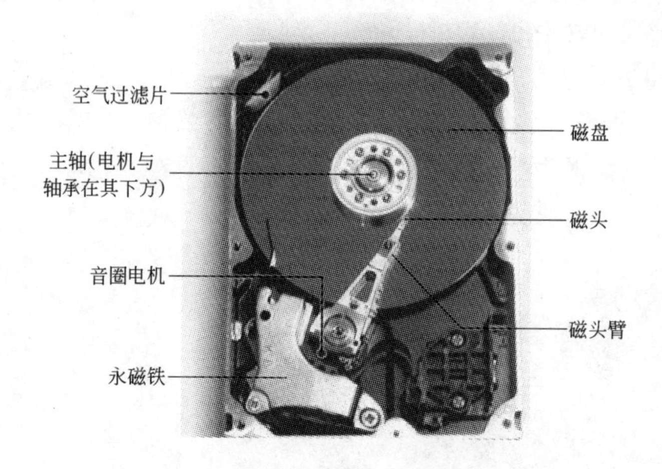

图 4-9 硬盘的结构

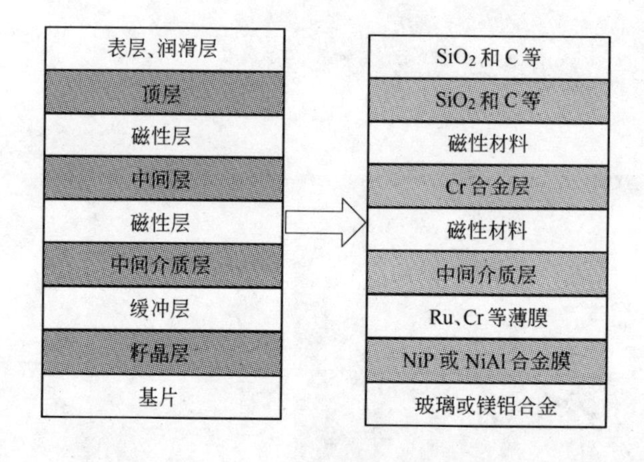

图 4-10 硬盘的磁片结构

4.3.2.2 光存储材料

光存储材料是一种借助光束作用写入、读出信息的材料。写入时光盘的存储介质与聚焦的激光束相互作用，产生物理或化学作用，形成记录点，当光再次照射时形成反差，产生读出信号。光盘是由记录介质层、反射层以及保护层等构成的、在衬盘上沉积了多层结构的光存储材料。表 4-2 是磁盘存储与光盘存储的对比。

未来，存储发展方向为小型化、大容量、高速读写、高可靠性、光学处理、生物化学处理、分子处理、量子处理。从薛定谔的猫到 2012 年的诺贝尔物理学奖的不开箱就能观测猫的生死，量子计算机已经从空想变为了现实，而随着 IBM

等商业机构的发力，量子计算机时代正在向我们快步走来。2012 年 10 月 9 日，诺贝尔物理学奖答案揭晓，来自巴黎高等师范学院塞尔日·阿罗什（Serge Haroche）教授以及美国国家标准与技术研究院的大卫·维因兰德（David Wineland）教授共同分享了这一殊荣，他们两人的获奖理由是分别发明了测量和控制孤立量子系统的实验方法。

表 4-2 磁盘存储与光盘存储的对比

性 能	磁 盘	光 盘
查找速度	快	慢
强磁影响	大	无
运行功耗	高	低
存储容量	大	大
最佳应用	在线	近线或离线归档
信息安全	可修改或删除	不可修改或删除
信息保存时间	不确定，看 MTBF 值	30 年以上
总体拥有成本	高	低

在诺贝尔奖委员会的新闻稿中，两位获奖者的成就被称为“为实现量子计算机奠定了基础”。一时间量子计算机成为了业界关注的焦点。量子计算机是一种全新的基于量子理论的计算机，遵循量子力学规律进行高速数学和逻辑运算、存储及处理量子信息的物理装置（见图 4-11）。量子计算机的概念源于对可逆计算机的研究。量子计算机应用的是量子比特，可以同时处在多个状态，而不像传统计算机那样只能处于 0 或 1 的二进制状态，其数据存储能力呈指数增长，量子信息传输速度可超过光速！

图 4-11 量子计算机假想图

4.3.3 信息处理材料

信息处理材料是制造信息处理器件，如晶体管和集成电路的材料。目前使用最多的是硅，硅是单一元素半导体，具有力学强度高、结晶性能好等特点，在自然界中有丰富的储量（第二位，25.8%）。将单晶硅切割成片并抛光，制成的硅片称为晶片。在真空无尘环境下，在晶片上集成大量的晶体管和其他元件，得到芯片；将芯片装在陶瓷封装壳中，构成具有特殊电路功能的集成电路（见图4-12）。硅集成电路器件集成度已提高100万倍，单位价格急剧下降（单晶硅片尺寸增大、质量提高）。

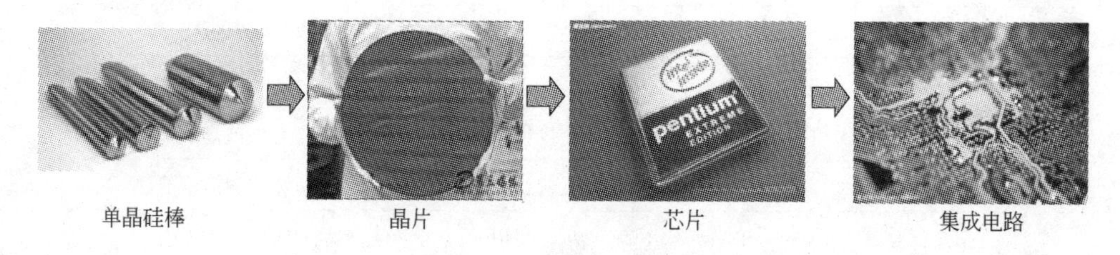

图4-12 集成电路制作过程

4.3.4 信息传递材料

信息传递材料是用于各种通信器件的能够用来传递信息的材料，在这里主要介绍光纤材料。

在过去，电缆通信是将声音变成电传号，通过铜导线把电信号传到对方。现在光纤通信则是将记录声音的电信号变成光信号，通过玻璃纤维把光信号传输到对方，最后又把光信号转变成电信号。光纤通信具有通信容量大、节省资源等优点，已成为21世纪通信主流技术，光纤材料也成为重要的光传输材料。光纤透光性好，传输中损耗较低、容量大、抗干扰、保密性好、质量轻、抗潮湿及抗腐蚀，广泛应用于长距离通信，如海底光缆等。

其中，石英光纤具有资源丰富、化学性能稳定、膨胀系数小等优点，是目前得到大规模应用的光纤。石英光纤是一种以高折射率的纯石英玻璃材料为芯，以低折射率的有机或无机材料为包覆的光学纤维。石英光纤中掺入某些元素后会成增益介质，可做成具有不同性能的光纤激光器。光导纤维内窥镜可导入心脏和脑室，测量心脏中的血压（见图4-13）。

4.3.5 信息显示材料

信息显示材料主要是指用于阴极射线管和各类平板显示器件的一些发光显示

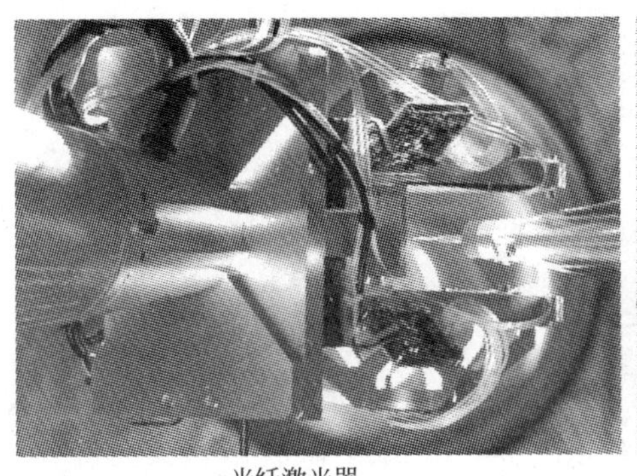

光纤激光器

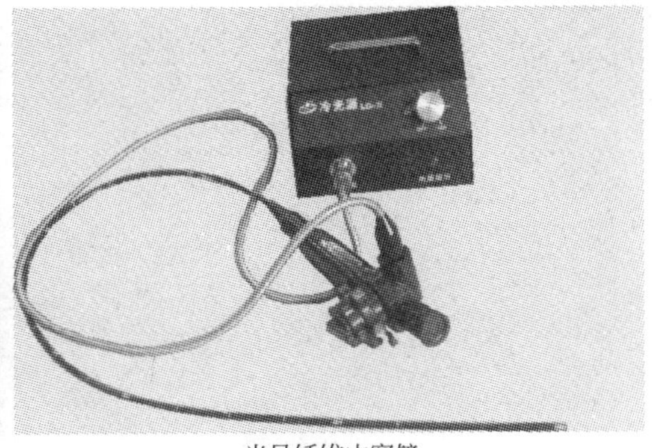

光导纤维内窥镜

图 4-13　光导纤维的应用

材料。按照显示原理分类，信息显示材料主要可分为液晶显示材料（LCD）、等离子体显示材料（PDP）、阴极射线管显示材料（CRT）、场发射显示材料（FED）、真空荧光显示材料（VFD）、无机电致发光显示材料（EL）和有机电致发光显示材料（OLED）等，这里主要介绍液晶显示材料。

在直流或者交流电场的作用下，依靠电流和电场的激发使材料发光的现象称为场致发光，相应的材料称为电致发光（场致发光）材料。电致发光（场致发光）材料又分为发光二极管、无机电致发光材料以及有机电致发光材料等，如图 4-14 所示。发光二极管（LED）是利用固体半导体芯片作为发光材料，在半导体中通过的载流子发生复合放出过剩的能量而引起光子发射，发出某种颜色的光或者白光的一种半导体固体发光器件。有机发光显示器（OLED）又称有机发光二极管，是以有机薄膜作为发光体的自发光显示器件。自发光，视角广达 170°以上，反应时间快、无残影、高亮度、低功率消耗、面板厚度薄（2mm），可制作大尺寸与可挠曲性面板，制作简单，可比 LED 节省成本 20%。

液晶显示材料（LCD）具有晶体一样的各向异性，也具有液体的流动性。液晶的流动性表明液晶分子间作用力微弱，改变液晶分子取向排列所需外力很小，几伏电压就可改变，因此液晶显示具有低电压、微功耗的特点；液晶分子呈棒状，长约一个纳米，棒状分子由中央基团和末端基团构成，这些基团决定了液晶的性能。液晶的这种分子结构决定液晶具有较强的各向异性，稍微改变液晶分子取向就能明显改变液晶的光学和电学性能。在电场作用下，液晶分子的偶极矩会按电场方向取向，使分子原有排列方式发生变化，引起液晶光学性质变化。这种因外加电场作用而引起液晶光学性质发生变化的效应称为液晶的电光效应。液晶分子的电光效应和光学特性可用于数码显示（笔记本、台式监视器、电器仪表显示、壁挂电视和广告牌）。

液晶分子的排列方式也可以影响液晶的性能。液晶分子（见图 4-15）按照

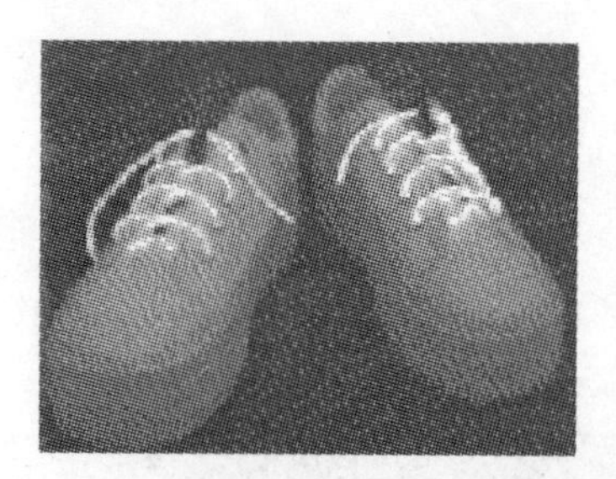

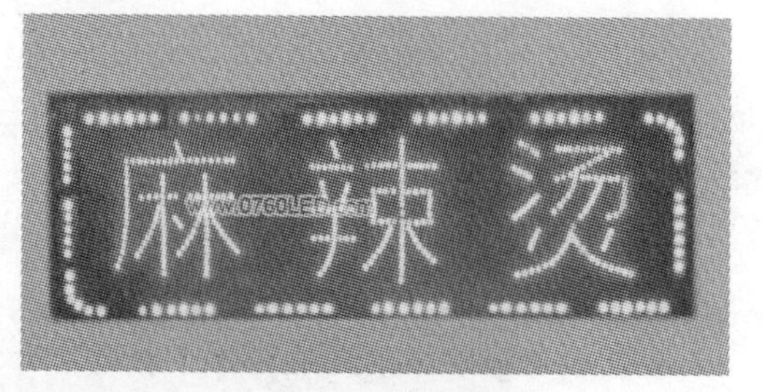

图 4-14 电致发光材料

排列方式的不同，可分成近晶相、向列相和胆甾相三大类。近晶相：棒状分子分层排列，分子在层内按分子长轴方向互相平行，分子只能在层内转动或滑动，不能在层间移动。这类液晶黏度很大，一般不用于液晶显示。向列相：棒状分子不分层，分子可以转动，也可向各个方向滑动，只在分子长轴方向保持平行排列。这类液晶黏度较小，流动性较好，是液晶显示用的主要类型。胆甾相：棒状分子分层排列，层内分子相互平行，相邻两层分子的长轴方向略有变化，旋转一定角

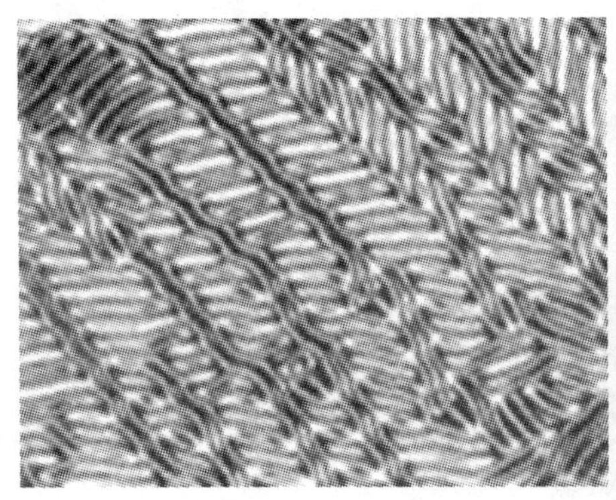
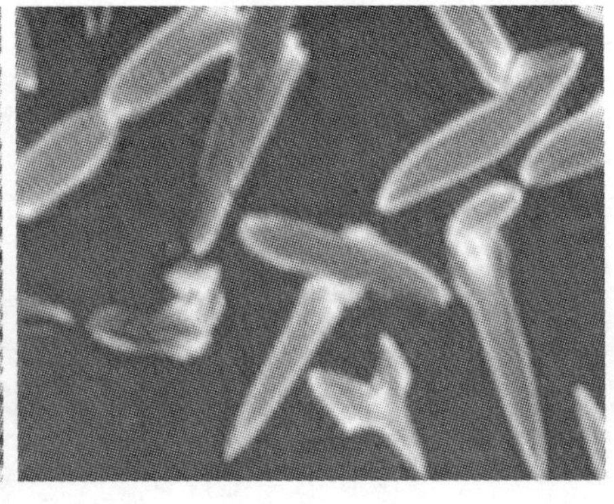

图 4-15　棒状的液晶分子

度，分子沿层的法线方向排列成螺旋状结构。胆甾液晶的螺距随温度变化而变化，液晶显示的颜色也会随之改变，可用于温度的测量，薄膜体温计就是利用这一原理制作的。胆甾液晶的螺距会因为某些微量杂质的存在而受到强烈影响，从而改变颜色，因而可用于某些化学药品痕量蒸气的指示。

液晶分子在光的照射下电导率会显著改变，由此可将它们做成光导体，可用于空间光调制器等。高分子和低分子液晶构成的复合膜具有选择性渗透，可用于离子交换膜、电荷分离膜、脱盐膜和人工肾脏透析膜等。

材料与医疗

生物材料已经成为现代医疗中不可或缺的关键因素，正引发人类医疗的巨大进步和医疗方式的重大改变，改善着人类的生活。本章介绍了生物医用新材料在诊断、治疗、组织修复及替换方面的重要作用，特别介绍了药物控释材料、组织工程支架材料以及三维生物活体组织与器官打印技术在现代医疗中的重要价值与作用，阐述了“人类离不开健康，健康离不开医疗，医疗离不开生物材料”的观点，生物材料与医疗的关系和发展必将托起人类明天的辉煌。

5.1 生物医学工程的发展现状

生物医学工程（biomedical engineering）是一门新兴的边缘学科，它综合了材料、信息、机械等工程学、生物学和医学的理论和方法，在各层次上研究人体系统的状态变化，并运用工程技术手段去控制这类变化，其目的是解决医学中的有关问题，保障人类健康，为疾病的预防、诊断、治疗和康复服务，造福人类。这个名词最早出现在美国，1958 年在美国成立了国际医学电子学联合会，1965 年该组织改称国际医学和生物工程联合会，后来成为国际生物医学工程学会。

目前，生物医学工程已经成为当今国际工程领域最活跃、发展最快的学科，同时也是国家发展的重要战略新领域之一，生物医疗产业已经被列为“十二五”期间国家重点发展的十大战略性新兴产业，逐渐成为国家支柱产业。世界知名企业，如韩国三星，美国苹果、谷歌、微软，日本尼康，中国华为等知名企业已将投资转向生物医学工程领域，可见生物医学工程产业发展势头的强劲；同时，生物医学工程学科以其典型的多学科交叉优势，学科领域包括材料、信息、生物医学以及相关的化工、制药、安全、机械等学科，已经成为许多大学高速发展的学科增长点。

生物医学工程是从20世纪50年代开始，随着电子学、材料学、工程力学、信息科学和电子计算机等多种学科的进步并广泛应用于医学和生物学领域而形成和迅速发展起来的。生物医学工程学已经成为医学和生物学现代化的重要条件。生物医学工程学的研究导致了如X射线计算机断层扫描（XCT）、磁共振成像（MRI）、超声成像、病人监护和生化分析等大量新型临床诊断与监护技术、设备的出现和普及；种类繁多的激光和电磁治疗设备提供了新的治疗和外科手术的手段，并推动了家庭保健的开展；人工心脏起搏器和人工心脏瓣膜正在挽救和维持着世界上数百万心脏病患者的生命；人工肾等血液净化技术维持着数十万肾功能衰竭病人的正常生活；人工晶体、人工关节和功能性假体等已广泛用于伤残人的康复和功能辅助；生物力学的研究加深了对严重危害人类健康的动脉血管硬化和血栓形成机理的认识，为心脑血管疾病的防治和人工心脏瓣膜、人工血管等人工器官的设计提供了依据；计算机和信息技术在医学和临床上的扩大应用，正在从根本上改变着医院的面貌。我国科学家还将现代工程方法与中医相结合，进行了中医四诊客观化、中医专家系统和中医经络的初步研究，为中国传统医学的新发展注入了活力，现代医学的进步是和生物医学工程的发展分不开的。

同时，生物医学工程是医疗保健性产业的重要基础和动力，医疗器械和医药工业同生物医学工程学的研究与应用有着最直接的联系，它所带动的产业在国民经济中占有重要比例，例如美国每年生物医学工程学带动的产业就达数百亿美元。各国在生物医学工程方面的投入随着生活水平的提高而逐年增加。这门学科面临着众多的新课题，许多成果又有着很好的产业化前景，因此生物医学工程被称为朝阳学科。

5.2 生物医学工程的市场前景

生物医学工程学除了具有很好的社会效益外，还有很好的经济效益，前景非常广阔，是新时期各国争相发展的高技术之一。

美国及欧洲等经济发达国家和地区，早在20世纪50年代就指出生物医学工程的重要性，基于其强大的经济、科技实力，经过半个多世纪的努力均取得了各自的成果。如今，这些国家在生物医学工程方面处于世界前列。但是面对当今科技飞速发展的新形势，他们仍在想尽一切办法努力前进。

就生物医学工程市场发展来看，20世纪80年代以来，全球生物医学工程产品（医疗器械）销售额年增长率一直保持在6%～10%的水平。和制药业一起构成了健康技术产业的两大支柱，是国民经济可持续发展的生长点。从全球市场来看，美国的市场占有率始终保持在41%～43%的水平上，稳居龙头；西北欧占

26% ~29%，日本约占13% ~18%。

目前，随着医疗服务市场的逐步开放，国内外资本投资中国医疗服务产业的速度加快，从而直接导致医疗器械市场需求的增加。随着人民生活水平的不断提高，医疗器械的选用会越来越先进，其产品结构会不断调整，功能更加多样化，市场容量会不断扩大。医疗器械产业作为促进经济增长、提高国民福利的重要产业，是我国国民经济的重要组成部分，随着以人为本发展理念的不断增强，中国的医疗器械产业将会获得更快发展。据前瞻产业研究院发布的《2014 ~2018 年中国医疗器械行业市场前瞻与投资预测分析报告》数据显示，2009 ~2013 年医疗器械行业的销售收入增长率均在 15% 以上；2013 年，行业实现销售收入为 1888.63 亿元，同比增长 20.72%。

5.3 医疗技术的发展

人类进行疾病防治、健康保健的社会活动，已有几千年的历史。人们在长期的医疗实践中积累了丰富的经验，这些经验的系统总结便形成医学。虽然医学是古老的学术领域，但它的科学化却起步得很晚，同数理化等这些精确科学比较起来，临床医学还常常被视为是实用技艺而非严密科学，或至多是“软科学”。但随着当代科技的飞速发展，各种高科技技术大量地被应用到医学领域中，使得现代医学插上了科技的翅膀得以迅猛发展，如今的科技医疗技术与旧的医疗技术相比，可说是有天壤之别。

5.3.1 古代的医疗技术

医疗技术的发展与人类的历史同样久远。在远古时代，人们就知道采用泥土、炭末外敷止血，以草藤、树皮缠裹伤口，形成了原始的止血与包扎技术。在石器时代，人类以石斧、石片、兽骨等为生产和生活工具，逐步学会了用砭石、骨针在伤部放血、排脓以缓解伤痛，加速伤口的愈合。在战国时代编撰成书的《黄帝内经》中就已奠定了“四诊”的理论与方法的基础，“望闻问切”的诊病方法与技巧经历代医家的实践与总结，逐渐形成了我国古代医学诊病查症的独特而有效的检查诊断技术。汉代医学鼻祖华佗（145 ~208 年）以麻沸散实施全身麻醉进行死骨剔除术和剖腹术的医疗技术成就已是家喻户晓。南北朝时期，葛洪（284 ~364 年）所著《肘后备急方》记载了以狂犬脑组织涂布伤口治疗狂犬病的古代疫苗治疗技术。唐代孙思邈（581 ~682 年）不仅是饮食疗法与脏器疗法的创始人，而且首创了以葱管作器械的导尿术。宋代医著《太平圣惠方》（992 年）有用蟾酥酒止血、止痛，用烧灼法消毒手术器械的记述。明代陈实功的《外科正宗》（1617 年）在全面介绍临床疾病的病因、病机、诊断和治疗原则的基础上，详细论述了多种刀、针等医疗器械与手术治法，如脱疽截趾（指）术、鼻息肉摘除术、异物取出术、腹腔穿刺排脓术及创口冲洗术等古代手术技术与无菌技术。清朝时期，海外的新思想、新潮流不断冲击着这个古老的帝国，推动了医事制度和医学教育的变革，医学名家辈出，医学著述丰富，医疗技术也得到了前所未有的发展。

在国外，古巴比伦在公元前2250年的古迹泥版上记载有用莨菪子糊剂制止牙痛的方法。在公元前5世纪，世界医生的先驱，古希腊的“医学之父”希波克拉底（Hippocrates，约公元前460～公元前377年）在以其名字命名的医学典籍中详述了直接听诊法、胸壁引流术、绞盘骨折复位术等医疗技术与多种手术器械。不仅如此，他的医学理论和医学道德的论述更是流芳百世，著名的希波克拉底誓言为代代医生所恪守。古印度公元前4世纪的“医圣”塞斯鲁泰（Susruta）医学著述很多，书中不仅记载了各种手术器械，而且还记载了膀胱结石摘除术、白内障晶体摘除术和鼻成形术等。古罗马名医盖仑（C. Galen，约130～200年）以其在解剖学与生理学的巨大建树为医疗技术的发展作出了贡献。古波斯王国的“医学之王”阿维森纳（Avicenna，980～1037年）在其医学巨著《医典》中记载了丰富的医疗技术内容，如药疗法、灌肠法、烧灼法、气管切开术及结石截除术等，诊断技术方面则十分重视脉诊、尿液和粪便的检查技术。意大利的桑克托里斯（Sanctorius，1561～1636年）发明了脉搏测定器和体温计。1676年，荷兰列文虎克（A. van Leewenhoch，1632～1723年）用自己发明的显微镜观察到微生物活动与毛细血管结构，创造了医学显微检查技术，并为微生物学和细胞学的发展开辟了道路。1796年，英国乡村医生琴纳（E. Jenner，1749～1823年）创造了接种牛痘预防和治疗天花的疫苗接种技术，开辟了医学免疫学时代。1816年，法国医生雷奈克（Laennec，1781～1826年）发明了听诊器和间接听诊法，使临床检体诊断技术日臻完善。法国的路德维希（Ludwig，1816～1895年）发明了水银血压计。

从人类可考的历史时代起，由于生产力的低下，在古代文明不断发展进步的同时，宗教巫术与图腾崇拜也广泛渗透到人类生活与医伤治病等活动中来。人们希望通过占卜、祈祷和膜拜神灵，祈求伤病的痊愈。但在巫术、神魔的阴影笼罩下，人类文明、进步的脚步并未止息，对防病治病、医疗技术的探索也终未被历史的长河所湮灭，而以其义无反顾的变革与更新，佐助人类生息繁衍5000年。

5.3.2 近代的医疗技术

近代医疗技术的崛起与腾飞开始于19世纪中叶。

1839年，德国诗旺（T. Schwann，1810～1882年）创立细胞学说，认为细胞是人体生命的基本单位。1847年，德国赫尔姆霍茨（H. Von Helmhotz，1821～

1894年）全面阐述了能量转化与守恒的规律，发现能量守恒定律。1859年，英国达尔文（C. R. Darwen，1809～1882年）发表《物种起源》，标志着进化论的诞生。上述生物学与物理学的三大发现不仅促进了自然科学的全面发展，而且极大地推动了医学科学与医疗技术的进步，各种医疗技术的新发明、新进展层出不穷。1842年，美国威廉逊·朗（C. W. Long，1815～1878年）用乙醚麻醉做了世界上第一例人体手术（肿瘤切除术）。1861年，匈牙利塞梅尔维斯（I. P. Semmelweis，1818～1865年）首创外科消毒法。1895年，德国伦琴（W. C. Rontgen，1845～1923年）发现X射线，成为医学影像技术的先驱。1900年，奥地利兰斯泰纳（K. Landsteiner，1868～1943年）发现人类的ABO血型系统，为输血技术的发展扫清了障碍。1902年，居里夫妇（Pierre Curie，1859～1906年，Marie Sklodowska Curie，1867～1934年）发现并提炼出放射性镭，为核医学与放射性核素的临床诊治技术开辟了广阔的道路。

此后，涉及基础与临床的许多医疗技术如物理诊断技术、医学检验技术、X射线透照技术、细胞病理技术、医疗护理技术、手术无菌技术与手术操作技术等相继创立并日臻完善，使近100年医疗技术发展所取得的成就超过了以往数千年的总和，从而使医疗技术成为临床医学的有力支柱和高效手段，成为医学科学现代化的基石和里程碑。

5.3.3 现代的医疗技术

现代医疗技术是以医学理论为指导、融汇传统诊疗技术与现代科技为一体，以诊断、治疗、预防、康复人体伤病为目的所实施的各种有效操作技术、方法与技巧的总称，也是人类在与自身创伤、疾病作斗争的长期医学实践中逐步创造、发展、丰富起来的，是人类文明进步的标志之一。当今世界科学技术的最高成就无一不应用于医疗技术，伴随着科学理论与科学技术的不断进步和更新，医疗技术融汇超声技术、激光技术、高能物理技术、计算机技术、分子生物学技术、遗传工程技术等新兴科技为一体，综合成为临床诊治为中心目的、与基础医学和临床医学并驾齐驱的边缘学科群，共同推动着医学科学的演进与发展。就临床医学的范畴结构而言，医疗技术与医学知识、医学理论三足鼎立，联袂成荫，珠联璧合，为现代临床医学统一而不可分割的有机复合体，是医务工作者必须具备的重要知识与技能。

借助于日新月异的新材料与高新信息技术，先进工具和诊断仪器不断涌现，如与人体器官相似功能的人工心脏、人工肾脏、人工肺等一系列的人工器官，用于口腔、五官、骨、创伤以及整形外科等的人工组织材料，广泛用于护理和医疗的一次性高分子用品，如护理用的尿不湿、卫生巾、防褥疮护理材料，以及用于医疗的注射器、输液器、医用手套、导管以及检查器具等。

另外，人们对疾病的认识，从宏观到微观都能进行快速准确的观测，可以更清楚、更准确地观察正常和异常情况下人体生理病理的动态变化，使许多疾病的早期发现、早期诊断和早期治疗成为可能。目前，医用电子仪器正在向小型、微细、快速、高效、自动化方向发展，人们开始运用计算机技术自动分析处理癌细胞图像，为细胞学诊断提供了有效手段。近来，许多国家利用电子计算机进行细胞图像处理和细胞定量分析，相继建立起细胞自动分析系统，它既可以科学地总结临床病理学家的经验，又可发挥机器“视觉”分辨率高的特点，对疑难病症的诊断和癌细胞早期演变过程的研究，提供了客观指标和有效手段。随着新技术的发展，生理功能检测仪器正在沿着自动获取信息和电子计算机处理的方向发展。现在已经有了微处理机控制的心电图机、脑电图机、电子血压机等，还有遥测心电图、心电图全自动分析装置、动态心电图等。

目前，现代医疗技术在临床治疗方面正在开辟新的途径。如遗传工程技术能够解决过去用常规方法不能生产或不能经济生产的贵重药物，如生长激素、免疫球蛋白、干扰素、免疫调节因子等。同时，通过微生物材料缓释系统靶点给药、靶点治疗，修正有缺陷的基因，除去病态基因，增补缺失的基因，这些靶向基因疗法不仅能成为治疗癌症和遗传性疾病的重要手段，而且还将为医疗冠心病、糖尿病等许多危害人类健康的疾病作出贡献。

5.4 生物材料与医疗

5.4.1 我国生物材料发展概况

生物材料是用以诊断、治疗、修复或替换机体中的组织、器官或增进其功能的高新技术材料。其组成可以是天然的，也可以是合成的，或者是它们的结合，包含金属材料、无机非金属材料、高分子材料及其复合材料。

一般认为，生物材料的发展经历了三代。第一代生物材料是第一次世界大战以前所使用的生物材料，代表材料有石膏、金属、橡胶以及棉花等物品。第二代生物医学材料的发展是建立在医学、材料科学、生物化学、物理学以及大型物理测试技术发展的基础上的，代表材料有磷酸三钙、胶原、显微蛋白等。第三代生物医学材料是一类具有促进人体自身修复和再生作用的生物医学复合材料。它通过材料之间的复合、材料与活细胞的融合、活体组织和人工材料的杂交等手段，赋予材料特异的靶向修复、治疗和促进作用，从而使病变组织大部分甚至全部由健康的再生组织取代。

现代医学工程正向着再生和重建人体组织和器官、恢复和增进人体生理功能、个性化和微创治疗等方向发展。预计不久的将来，生物医用材料的市场占有率将赶上药物。我国生物医学材料的生物医学工程产业的市场增长率高达28%（全球市场增长率为20%），发展速率居全球之首。2010年市场已近100亿美元，保守估计2015年和2020年年销售额可分别达到370亿美元和1355亿美元，预测所占世界市场份额可从6.5%快速提升至12%和22%，10年内将为世界第二大生物材料市场。2010年我国医疗器械进出口总额已从2006年的105.52亿美元增长到226.56亿美元，年复合增长率高达21.05%，其中进口额从36.81亿美元增长至79.57亿美元，出口额从68.71亿美元增长为146.99亿美元，进、出口年复合增长率分别达16.53%和16.67%，出口额已占医疗器械总销售额的大约58%，出口国家和地区达217个，出口的低值医用耗材已占全球医用耗材市场份额的60%～70%。我国人工关节替换年增长率高达30%，远高于美国的4%。775万肢残患者和每年新增的300万骨损伤患者，需要大量骨修复材料；2000万心血管病患者，每年需要24万套人工心脏瓣膜；肾衰患者每年需要12万个肾透析器。

我国生物材料医疗器械高速发展的原因有以下几个方面：

（1）人口老龄化。我国60岁以上人口持续攀升，2010年已占总人口的13.26%，2015年将攀升至15%，达2亿人口。

（2）交通、体育产业的高速发展导致的外伤。

（3）随经济的高速增长，人民生活水平提高、健康意识增强，医改政策也已实施，表5-1为我国城镇、农村居民医疗保健支出情况，可见我国人民在医疗制度改革政策的扶持下，人均医疗保健支出逐年增加。

表5-1 我国城镇居民医疗保健支出

年份	城镇居民		农村居民	
	人均年消费支出/元	人均医疗保健支出/元	人均年消费支出/元	人均医疗保健支出/元
2000	4998.0	318.1	1670.1	87.6
2005	7942.9	600.9	2555.4	168.1
2010	13471.5	871.8	4381.8	326.0

注：数据来源于2010年《中国卫生统计年鉴》。

（4）医疗技术创新能力与技术层次的提升，促进产业向价值链上游转移，例如我国冠状动脉支架的国产率已从2001年的10%提高到2010年的76%，骨创伤器械65%已实现国产化。

目前，我国已经形成生物材料医疗产品的区位优势，形成了长三角、珠三角、京津环渤海湾等三大医疗器械产业聚集区。长三角主要生产开发以出口为导向的中小型医疗器械，特别是骨科器械和牙科器械等；珠三角研发生产综合性高技术医疗器械为主，包括有源植入性微电子器械、动物源生物材料和人工器官等；而环渤海湾地区主要从事高技术数字化医疗器械的研发生产，在医用高分子耗材、医用金属及植入器械等方面具有优势。三个聚集区已分别占全行业企业总数的21.02%，销售额的80%以上（数据来源于中国经济信息网，2010中国行业年度报告系列之医疗器械）。此外，成都-重庆地区是新形成的产业集聚区，在组织诱导材料、表面改性植入器械以及采血、储血和输血器械方面具有优势。

但是，我国生物材料产业现状还存在如下情况：

（1）我国生物材料和制品所占世界市场份额不足1.5%。

（2）产品技术水平处于初级阶段，且产品单一。

（3）同类产品与国外产品比，基本上属于仿制，自主知识产权较少。

（4）生物医用材料与制品70%～80%要依靠进口，产业正处于起步阶段。

5.4.2 生物材料在医疗中的应用与发展

5.4.2.1 生物材料在医疗中的应用发展

人们利用生物材料作为医疗工具由来已久。从天然生物材料如棉花、蚕丝、蜘蛛丝到现代钛合金、生物钙磷陶瓷等都已广泛应用到医疗领域。

如图5-1所示，英国伦敦维多利亚艾伯特博物馆展出了全球唯一的一件、由120万只马达加斯加人面蜘蛛所吐金丝制成的“金缕衣”，重现欧洲百年前的传

图5-1 天然生物材料——蜘蛛丝编织的黄金斗篷

统手工艺。这件独一无二的“金缕衣”造型为一件斗篷，大小约4m^2、重1.5kg，它金黄耀眼的颜色来自于蜘蛛丝的原色。这件艺术品是由英国艺术家皮尔斯（Simon Peers）和设计师古德利（Nicholas Godley）利用法国传教士在100多年前留下的工艺技法打造出来的。集结了120万只非洲马达加斯加山区“人面蜘蛛”的力量，以手动仪器取出蜘蛛丝，动员80名工人纺织，编织出繁复的花纹。这种蜘蛛丝就是由蛋白质组成的天然生物材料，质量很轻，但韧性很强。由于其优良的生物相容性、生物可降解性以及优异的力学性能在医疗上可用作手术缝合线以及组织工程支架材料。

除了蜘蛛丝这种天然生物材料外，许多人造材料如钛合金、碳纤维增强复合材料、钙磷陶瓷、聚乳酸等生物医用材料，已经以其独有的魅力渐渐地渗透到我们的工作和生活中，并且正在悄悄改变我们的生活。例如：大家熟知的驰骋在奥运赛场上装有碳纤维增强假肢的刀锋战士皮斯托瑞斯，他奔跑时使用的运动假肢是在冰岛一家全球著名的运动假肢生产商奥索公司定做的。这套名为“印度豹”的假肢造型如同一个大写的“J”，售价1.5万英镑，由高性能碳纤维复合材料制成，里面含有50~80层碳纤维，总质量不到4kg，十分轻便灵巧，更为重要的是能够模仿健全运动员脚部和踝关节的反应动作，储存和释放能量。另一种我们熟悉的医疗材料就是彩色隐形眼镜，最早是由美国强生公司提出，也是强生公司注册的品牌之一。最早的彩色隐形眼镜仅仅是为了帮助眼睛受伤的人遮盖眼睛瑕疵而发明的，但是，随着生活水平的提高，我们的生活也变得丰富多彩，彩色隐形眼镜不再像传统的普通隐形限镜一样拘泥于矫正视力、提高辨色能力的功能，而是成为了时尚人士装扮自己、彰显个性的新潮化妆用品。现今，越来越多的青年时尚人群开始将乌溜溜的黑眼珠变成深邃的蓝、前卫的绿、迷幻的紫……，以彰显自己时尚的个性。还有我们熟知的面部整容术，需要人造骨材料，或者是硅胶生物材料来充填塑型。包括长时间以来被划分在医疗器械领域的助听器，也可以因为设计的改变而成为夹式耳环，兼具装饰作用，如图5-2所示。从此，人们对助听器的偏见也将一扫而空。

假肢

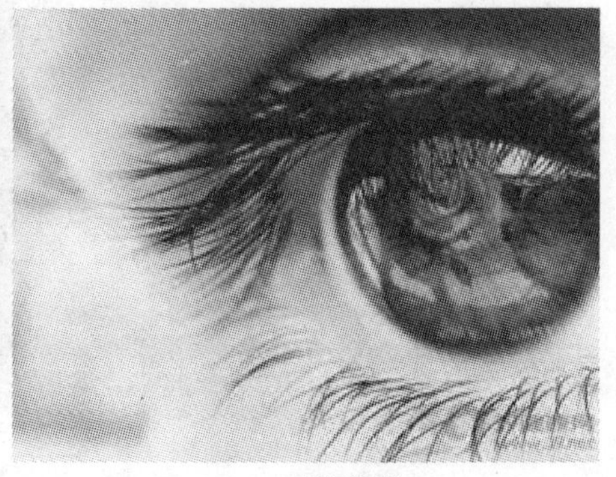
隐形眼镜

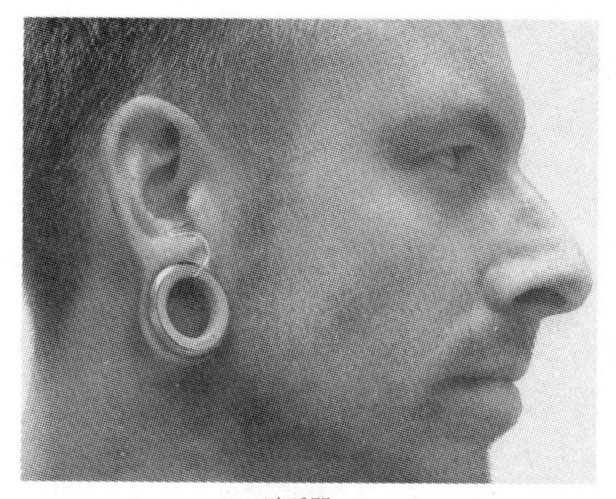

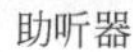

助听器

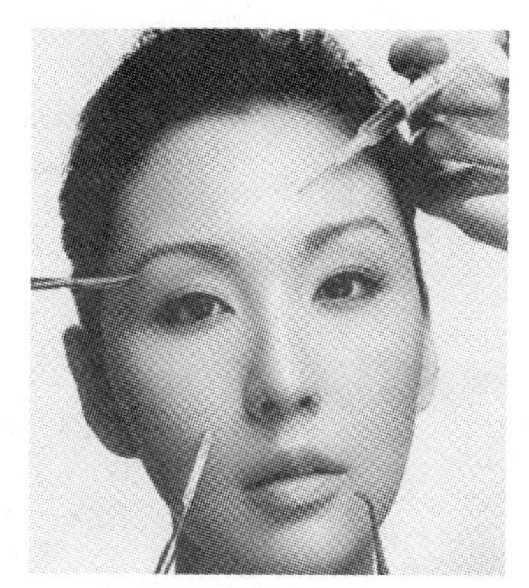

整形手术

图 5-2　各种现代生物材料医疗器械

我们不禁对生物医用材料肃然起敬，生物医用材料已不再仅仅起到医疗的作用，它们还给予了人类，特别是身体有残缺人们，一种自信与尊严！

除此以外，生物医用材料还用于人体多种组织与器官的修复、替换治疗。如口腔矫形用的牙套，牙齿缺损用的烤瓷牙、眼球缺损用的高仿真义眼、皮肤烧伤用的人工皮肤。器官功能衰竭或病变摘除怎么办？目前已经有人工心脏、人工肾脏等，关节病变或意外粉碎有钛合金关节，血管硬化有血管支架来解决，如图5-3所示。

这些曾经严重影响我们人类身体健康的疾病在生物材料高速发展的今天均可得以治疗。我们的生活离不开医疗，而现代医疗已完全离不开生物材料了！

由此可见，生物材料是一类具有诊断、治疗、修复以及替换或增进机体功能的高技术附加值功能材料，是现代医疗重要的物质载体！

5.4.2.2　生物材料与现代医疗

下面将主要从诊断、治疗、修复以及替换这三个方面来阐述材料与现代医疗之间的关系。

A　生物材料与诊断

如图 5-4 所示，这四件精美的青花陶艺作品表现的是中华传统医学的“四诊”诊断法——望、闻、问、切。中医看病不用听诊器也不做化验检查，而是借用眼看、口问、耳闻、鼻嗅和三指把脉等方法。

望诊是医生通过视觉观察病人的神色、形态、舌苔以及大小便等，来测知体内的变化和病情。尤其用来辨别脾胃的功能是否正常。如舌苔淡红提示脾胃正

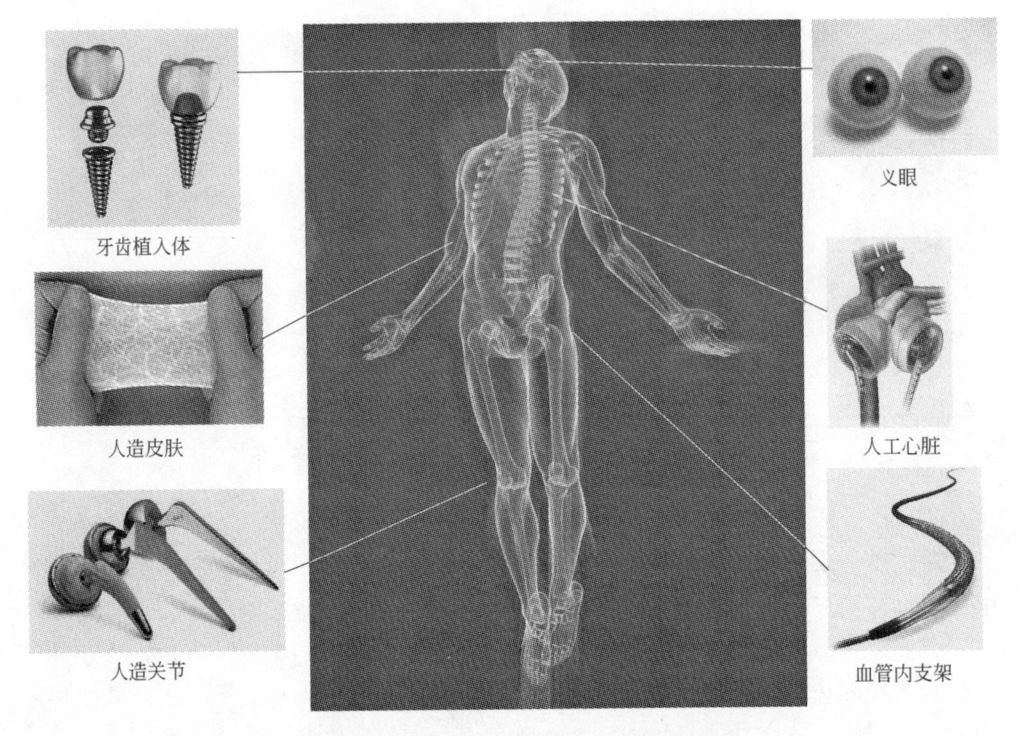

图 5-3 生物材料在人体康复中的应用

常，鲜红提示为热证，淡白则为虚证；舌苔薄白而润为正常，厚腻等都是异常。

闻诊包括耳闻和鼻嗅两个部分。主要是靠医生的听觉听取病人所发出各种声音的变化，如言语、呼吸、咳嗽等；鼻嗅主要判断病人的排出物、分泌物的气味，还有口腔的气味，如有口臭，表明脾胃不好、消化不良等。

切脉是医生用食指、中指和无名指的指端，按触病人的脉搏，分辨脉象。脉象的变化可以反映病情的发生和发展，还能反映出不同的病变。辨别病人的脉象，可以了解病人抵抗力的强弱，疾病的部位和轻重等。

问诊是“四诊”中的关键，凡是望、闻、切不能了解的情况，都要通过问诊来了解。医生要问病人自己的感觉、发病日期、发病变化过程及治疗情况等。

中医师在给病人看病时，将望、闻、问、切这“四诊”结合起来，对疾病做出比较全面的正确的诊断。但是，我们知道四诊是一套技巧性的技术，要经过反复学习和实践才能较好地掌握，带有很浓重的经验色彩，不易掌握。

随着科技的发展，现代诊疗借助生物材料以及生物技术已经能够比较科学、严谨地分析疾病，如心电图、X 射线 CT 影像、B 超影像、血液以及尿液的生化

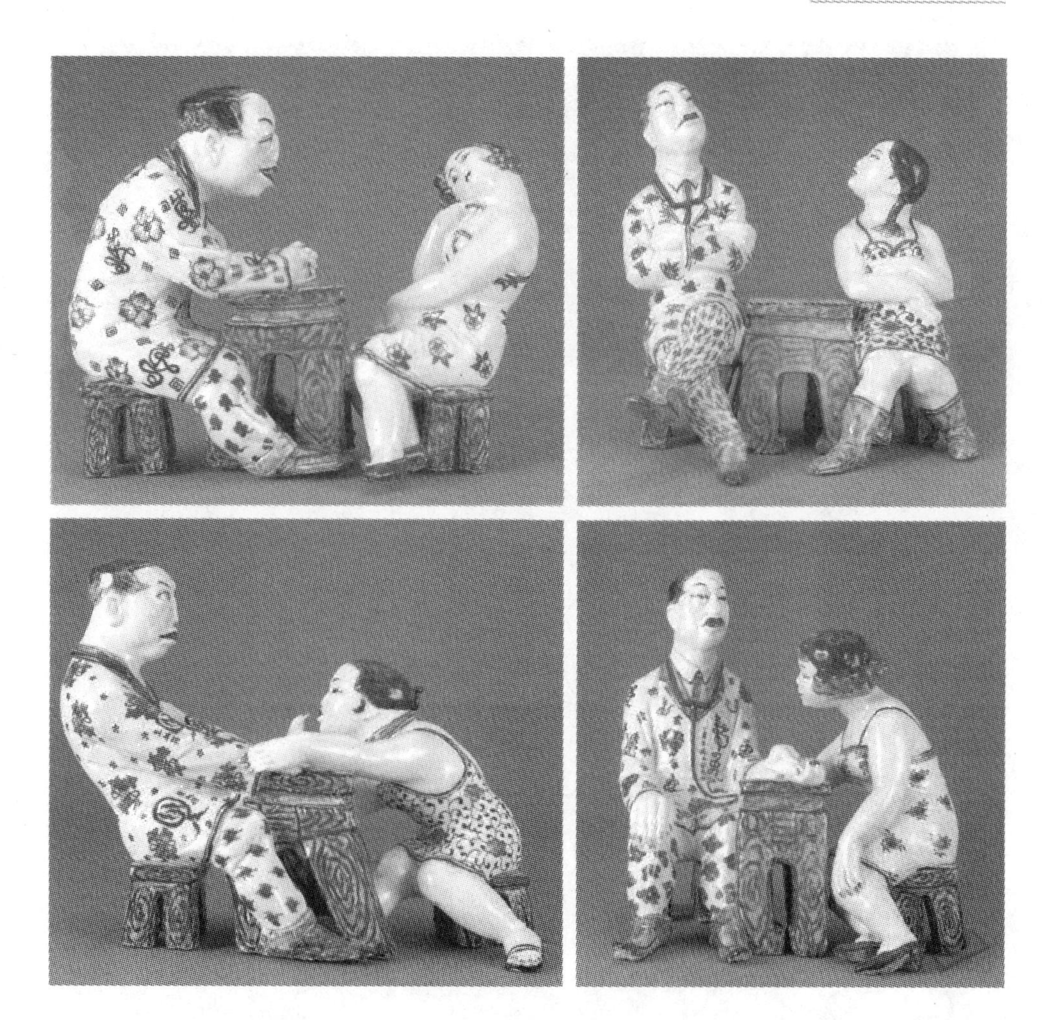

图 5-4 中华传统医学的“四诊”诊断法

分析、简单易操作的早孕测试条等，如图 5-5 所示。

目前，诊疗已向高通量、微型化和自动化方向发展。其中，微流控生物检测芯片是这一发展趋势的典型代表，以重庆科技学院生物医学工程研究院正在开发的 FRET 微流控白血病检测芯片为例，一张芯片可以同时高通量分析 18 个以上病人的血液，而检测成本与费用仅为现在常规检测技术的 1/3，快速便捷。因此，普遍认为微流控生物芯片将会在 21 世纪给整个人类医疗带来一场“革命”，将会成为 21 世纪的最大产业之一。同时，随着人们生活水平的提高，人们对自身的健康越来越重视，对在线无损检测、微型便携式的家庭用诊断技术充满渴望。目前，已有研究者将在线的皮肤癌快速检测芯片技术与手机完美组合，有效将皮肤显微镜学与智能手机相嫁接，使手机也具有诊断功能，如图 5-6 所示。从

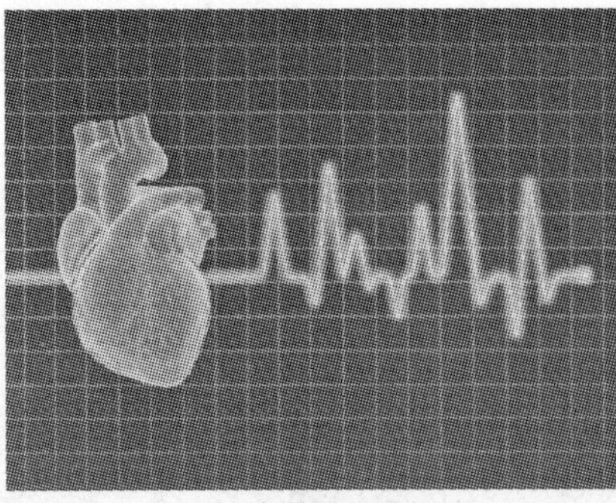

心电图

X射线透视

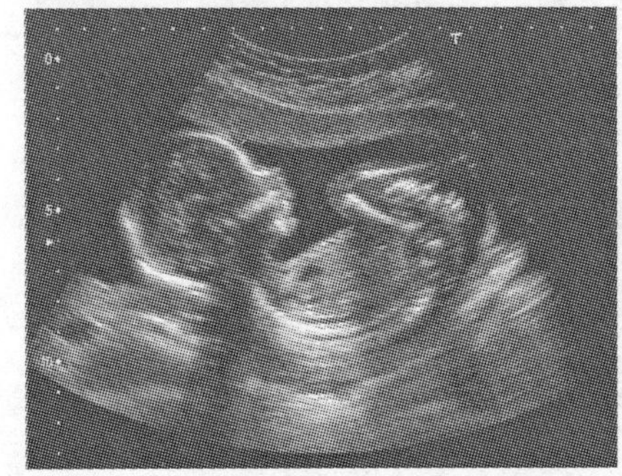

B超检测

抽血分析

图 5-5 生物材料以及生物技术在现代医疗中的应用

微流控芯片快速检测

现代智能检测

手机与皮肤癌智能
检测技术的结合

图 5-6 高通量、微型化和自动化的诊疗技术

此，现代诊疗将走向千家万户并常态化，将有效提高人们的生活质量。

B 生物材料与治疗

在疾病治疗方面，人类表现出很高的智慧！如我国传统的中草药、针灸、拔罐，还有一些国家的巫术（当然这是迷信，但从某种意义上来讲，属于心理疗法），并且在古埃及就已经有了外科手术，如图5-7所示。

中草药汤剂

针灸拔罐

巫术

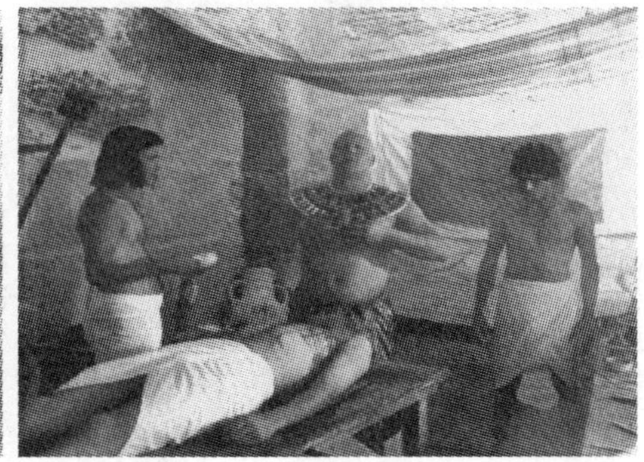

古埃及手术

图5-7 中外传统的治疗技术

目前，疾病治疗主要采取药物治疗（有片剂、针剂、胶囊、给药泵等），当然还有一些仪器的辅助治疗（如伽玛刀，超声波，光纤治疗等）。

但是，这种传统的给药方式有潜在的问题。在当药剂进入身体后，往往会在较短时间内药剂浓度大大超过治疗所需浓度，而随着代谢的进行，药剂浓度很快降低。我们知道，是药三分毒，药剂浓度高会带来毒副作用，甚至过敏中毒，浓度过低则不能发挥作用。

那么，如何解决这个问题呢？现在高速发展起来的药物控释材料能解决这一难题。药物控释材料不仅能控制释放药物、持续释放药物，还能靶点释放药物，药物利用率高达80%～90%，而常规药物利用率只有40%～60%，大大提高了治疗效果！

目前，药物控释材料主要有六种基本的类型（见图5-8）：球状脂质体、纳米微球、纳米胶囊、树形高分子材料、花瓣状胶束以及纳米颗粒脂质体。这些药物控释材料往往是将药物包裹在里面，或通过化学键合与药物结合，在外界环境发生变化时，打开释放药物，或降解释放药物。例如，花瓣状药物控释胶束，像菊花一样，药物被包覆在胶束内，当pH＝7.4时，胶束是密封的，当pH＝6.8时，胶束像花瓣一样打开，释放出药物。

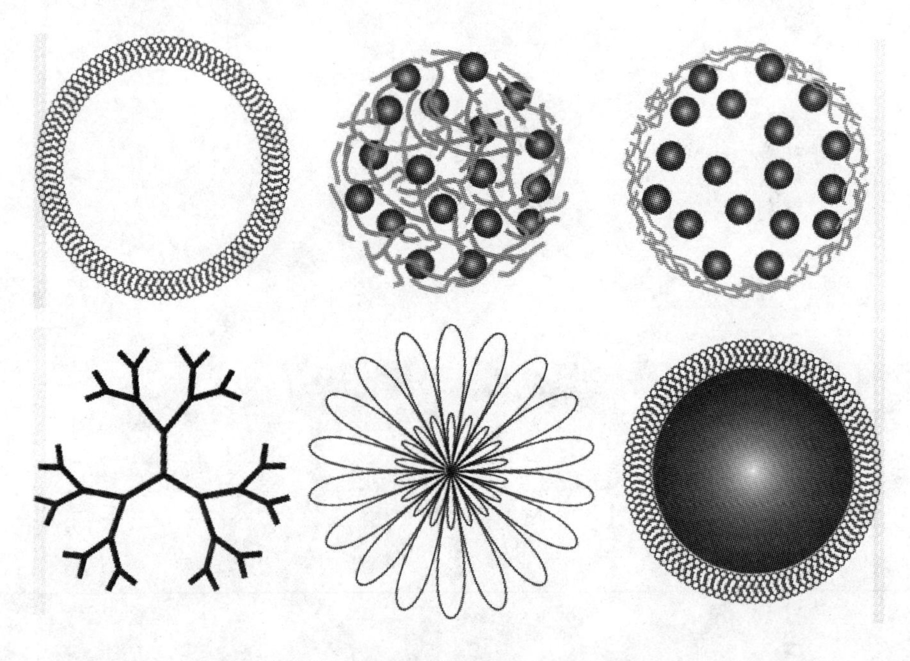

图5-8　药物控释材料的六种基本类型

癌细胞由正常细胞变异而来，有无限生长、转化和转移三大特点，也因此难以消灭。目前，癌症传统治疗主要通过切除、放疗、化疗来控制治疗，虽然有些疗效，但对病人身体伤害较大。现在，研究比较多的是癌细胞的药物控释靶点治疗。下面以癌细胞靶点治疗为例来认识一下纳米颗粒脂质体药物控释过程，如图5-9所示。

纳米颗粒表面的抗体选择性地与癌细胞表面特征蛋白结合。通过细胞内吞作用，纳米颗粒进入到癌细胞内，这个过程会有数千纳米颗粒同时进入到靶细胞中。由于纳米颗粒表面抗体的高度选择性，仅与靶向治疗的癌细胞表面特异性蛋白结合，所以当纳米颗粒进入身体后，可选择性地找到它们的目标细胞进行靶点治疗。接着纳米颗粒在细胞内聚集并在溶菌体的pH触发下快速释放药物，而靶

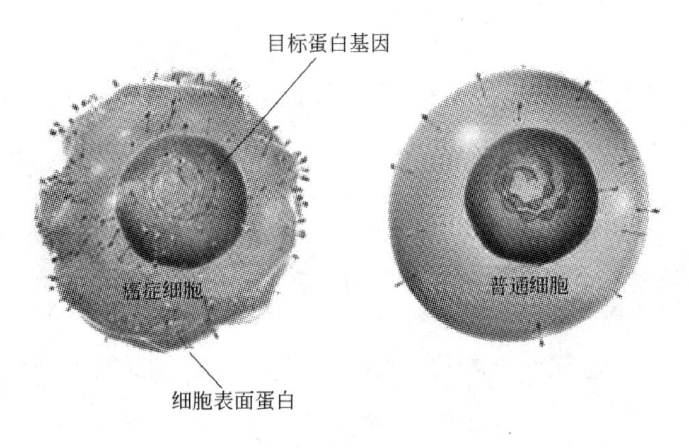

图 5-9 癌细胞的药物控释靶点治疗

细胞内高浓度的药物最终促使癌细胞凋亡，癌症肿瘤也会逐渐消失。

这是一种针对癌细胞的靶点治疗，还有一种细胞分子靶点治疗，如最早发现原癌细胞的靶点基因表达蛋白非受体络氨酸激酶 Src，癌细胞中 Src 信号比起正常细胞来讲，成高表达，并且具有超常的活性，是癌细胞高速繁殖、迁移的罪魁祸首。近年来，人们开始尝试使用 Src 抑制剂塞卡替尼来进行靶点治疗，取得良好的效果。

20 年前，癌症的死亡率几乎为百分之百，宣布癌症就等于宣布了死刑，但现在癌症死亡率在逐年下降，毋庸置疑，这都得益于癌细胞的靶点治疗。纳米药物载体结合靶向技术以及体外热、光、磁场等刺激药物释放就可以实现组织的靶向治疗，有效提高治愈率以及降低药物的毒副作用。

另外，在地震、意外事故、恐怖事件或战场上，有很大一部分的伤亡是由于治疗不及时导致伤员失血过多而造成的，尤其是内出血。因为，在突发事件中，普通人很难对内出血进行止血处理。美国国防部高级研究计划署（DARPA）研制出了一种可注射的聚氨酯止血泡沫，这种物质可以在注入人体后膨胀并挤压伤口，并按照腹腔内部的形状整体固化以防止组织移位，达到止血的作用。在测试试验中，这种止血方法可以减少失血量，并将 3 个小时的伤后生存率提高到了 72%，如图 5-10 所示。

泡沫材料在上述过程中还能越过已淤积并凝结的血液，到达出血的源头部位进行止血。当伤者需要接受正规治疗时只需花少量的时间就能清除这些泡沫块。

C 生物材料与修复及替换

早在公元前 5000 年前就有用宝石，后来还有用黄金，来修饰、修复、保护牙齿，公元前 3500 年，古埃及就用棉花纤维、马鬃等缝合伤口；公元前 2500 年以前，在中国、古埃及人的墓穴中发现用木材做的假肢，如图 5-11 所示。我国

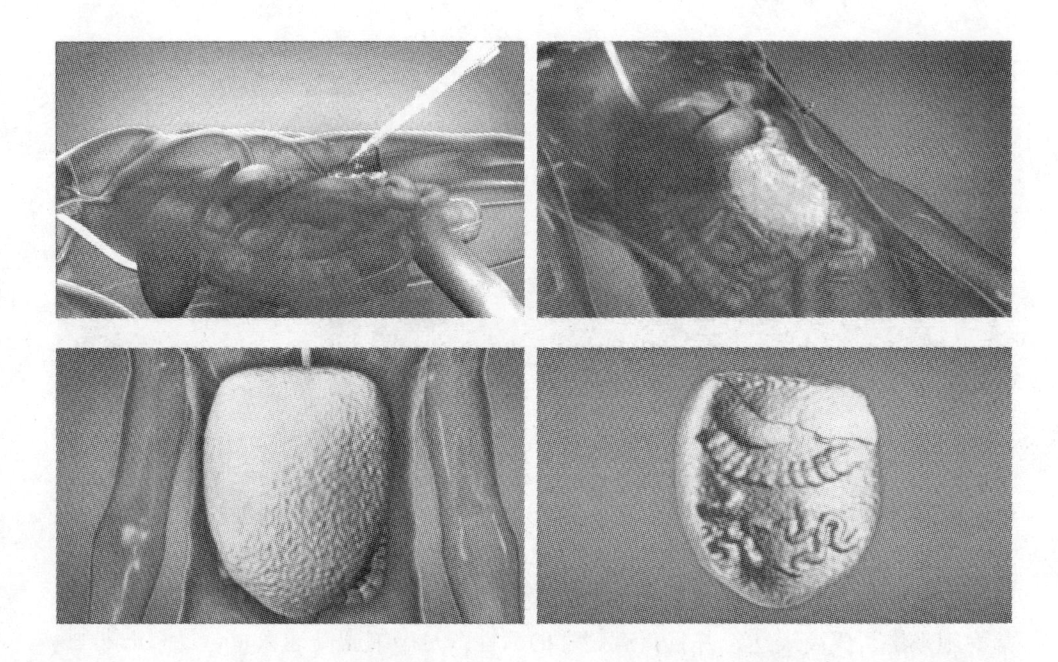

图 5-10 可注射的聚氨酯止血泡沫的作用原理示意图

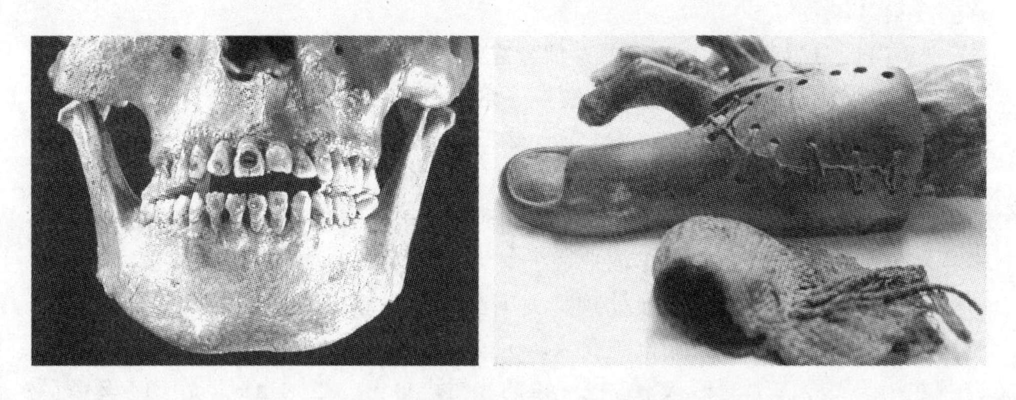

图 5-11 古代修复、替换材料

隋末唐初，银膏补牙成分是银、锡、汞，与现代牙齿填充材料汞齐合金类似。

20 世纪，生物修复、替换材料得到长足的发展（见图 5-12），已经经历了从第一代生物惰性材料，第二代生物活性材料到第三代生物组织工程材料的发展。第一代生物惰性材料的典型代表是钛合金、碳材料，优势是力学性能好、生物相容性好，常用作骨组织的替代材料，缺点是与机体为物理嵌合，比较容易出现二次骨折。第二代生物活性材料如钙磷陶瓷、胶原水凝胶、硅凝胶等，具有生物活性，能够与机体化学键合，诱导组织生长。

现在，借助生物材料，加以人体工学、仿生学，可以构建活动自如的假肢等

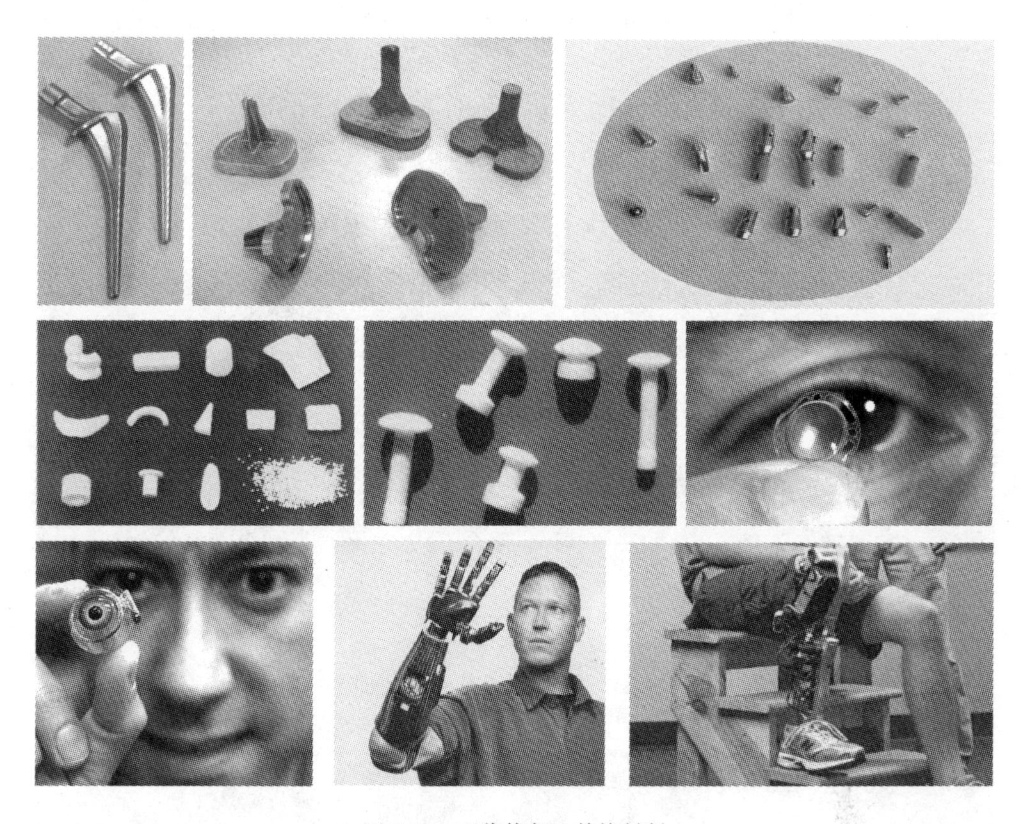

图 5-12 现代修复、替换材料

人工组织与器官。第三代组织工程是细胞、三维多孔材料以及生长因子的杂化体，通过体外培养后移植入体内，诱导新组织再生，而支架材料会逐渐降解。图 5-13 为组织工程再生示意图，如人耳鼠、诱导再生的尿管、血管等都是用组织工程手段诱导生长出来的组织、器官。人耳鼠不是移植上一个人的耳朵的老鼠，而是在老鼠的身上安装组织工程支架材料，在材料上移植人耳的软骨细胞，使之成活并和身体融为一体，是一种器官再造的尝试。

近年备受关注的 3D 打印技术已经应用于人造组织与器官的构建，称为 3D 生物打印机。3D 打印技术，与普通打印机工作原理基本相同，打印机内装有液体或粉末等墨水材料，与电脑连接后，通过电脑控制把墨水材料一层层叠加起来，最终把计算机上的蓝图变成实物。如今这一技术在多个领域得到应用，人们用它来制造服装、建筑模型、汽车、手枪、食品等（见图 5-14）。

将含细胞的生物墨水逐滴打印到凝胶生物纸上，再逐层打印叠加出组织或器官形状。生物墨水随着生物纸的分解融合成型，最后经过细胞培养形成所需的活体组织。目前这一令人耳目一新的技术已进入测试阶段，预计在 5 年内能制作心脏搭桥手术中所需的动脉和静脉血管，像制作心脏和肝脏这类复杂的器官在 10

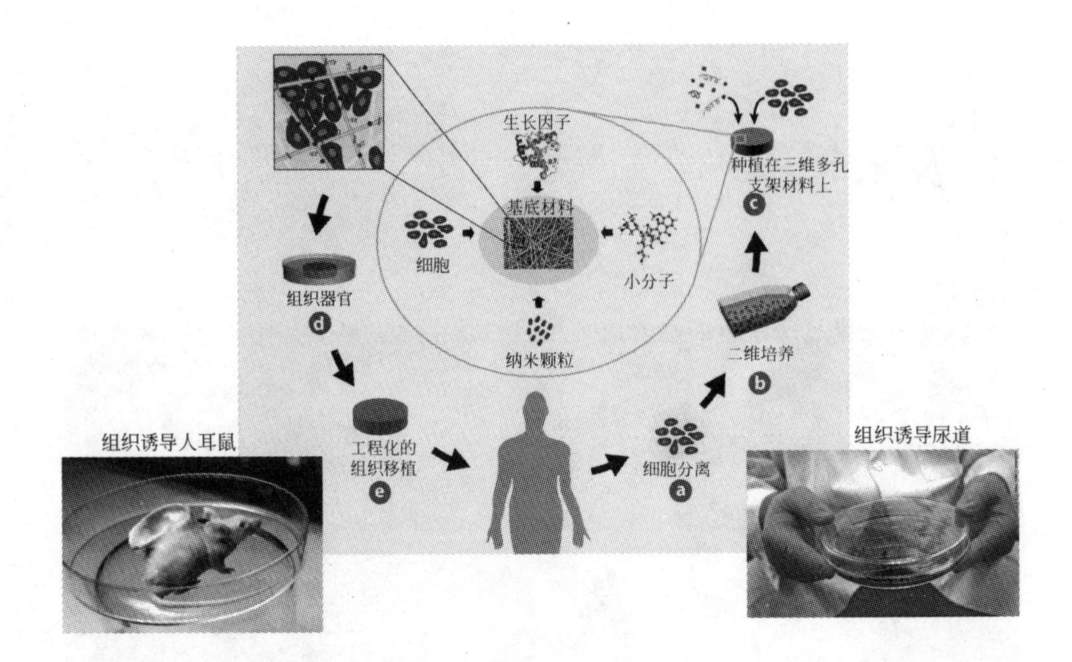

图 5-13　组织工程再生示意图

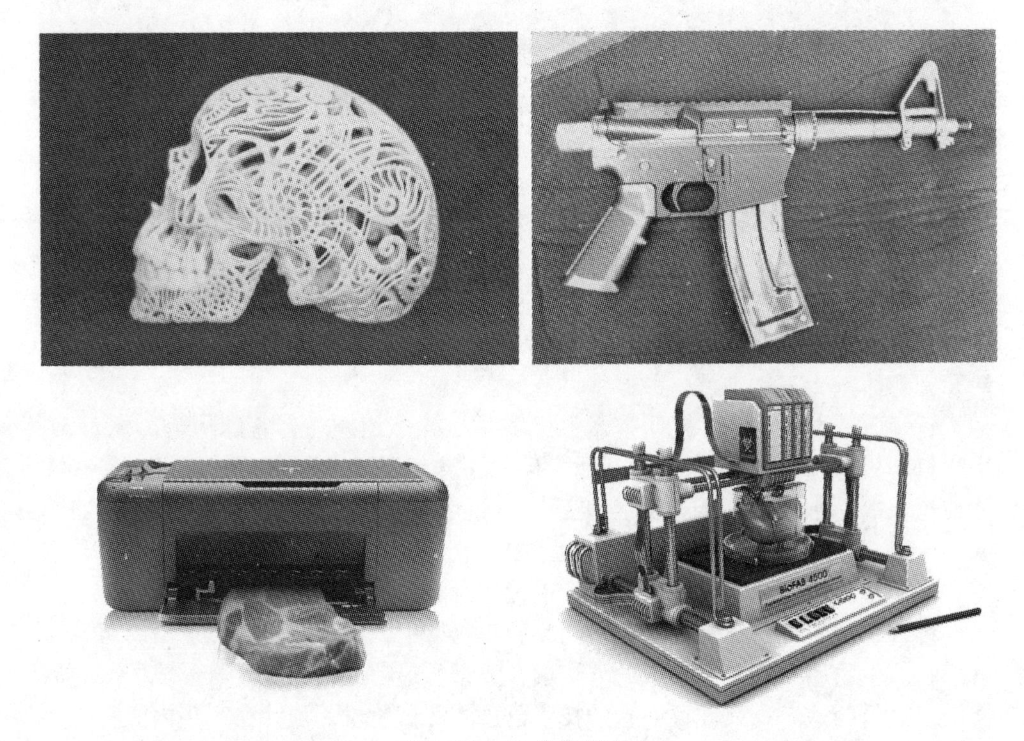

图 5-14　3D 生物打印

年内有望实现。

不远的未来，医生可以直接扫描伤口再将皮肤、血管、肌肉以及神经细胞等直接打印到伤口部位以实现伤口的快速愈合。或许有一天，打印技术不仅可以用于表面成型还能直接用于体内组织的快速、微创构建。此外，生物打印还能起到美容的功效。比如，人们可以通过互联网下载不同的面部信息结合生物打印技术对自己进行换脸。甚至人们可以提前记录年轻时的模样以方便日后恢复青春面容。

但生物三维打印机也面临着诸多挑战，其中之一是其打印出的物体如何与身体其他器官尤其是大的组织更好地结合，因为任何打印出来的器官或身体组织都需要同身体的血管、神经相连，而这可能非常难实现。一旦克服了这个技术障碍，在未来几十年内，生物打印技术将成为一项标准技术，造福人类！

5.5　生物医学工程展望

纵观医学新技术诞生和发展的历史，从伦琴发现 X 射线到今天 X 射线诊疗技术的发展，从朗兹万发现超声波到今天 B 超诊断的广泛应用，从布洛赫和伯塞尔发现核磁共振到今天磁共振成像（MRI）的问世，从赫斯费尔德发明 CT 到今天 CT 成像系统的应用，都是以物理学工程技术为基础、医学需求为前提发展起来的医学新技术。未来生物医学工程将有以下几方面的发展：

（1）各种诊疗仪器、实验装置趋向计算机化、智能化，远程医疗信息网络化，诊疗用机器人将被广泛应用。

（2）介入性微创、无创诊疗技术在临床医疗中占有越来越重要的地位。激光技术、纳米技术和植入型超微机器人将在医疗各领域里发挥重要作用。

（3）医疗实践发现单一形态影像诊查仪器不能满足疾病早期诊断的需要。随着正电子发射计算机断层扫描（PET）的问世和应用，形态和功能相结合的新型检测系统将有大发展。非影像增显剂型心血管、脑血管影像诊查系统将在 21 世纪问世。

（4）生物材料和组织工程将有较大发展，生物机械结合型、生物型人工器官将有新突破，人工器官将在临床医疗中广泛应用。

（5）材料和药物相结合的新型给药技术和装置将有很大发展，植入型药物长效缓释材料、药物贴覆透入材料、促上皮和组织生长可降解材料、可逆抗生育绝育材料、生物止血材料将有新突破。

（6）未来医疗将由治疗型为主向预防保健型医疗模式转变。为此，用于社区、家庭、个人医疗保健诊疗仪器、康复保健装置以及微型健康自我监测医疗器械和用品将有广泛需求和应用。

20世纪人类与疾病做斗争，在医学诊疗技术上取得了重大成就，但面向21世纪的巨大挑战，我们要动员起来，调整政策，制定规划，改革医学研究教学的旧模式，发挥现代科学多学科交叉合作的优势，创建全新的生物医学，为人民造福。

材料与现代家庭医疗保健

本章从当前的社会现状分析，说明了社会的进步、科技的发展和人类对健康的渴望正推动着现代家庭医疗领域的变革。分别从家庭医疗器械、健康检测、健康监控及网络、智能穿戴设备等方面介绍了现代家庭医疗保健的发展，特别介绍了先进材料与便携式个人健康检测系列产品、微流控检测芯片系统、空气过滤鼻塞以及瘫痪病人系列保健产品之间的关系。强调关注家庭医疗保健是人类发展的首要任务，健康是实现中国梦、托起明天辉煌的必要条件。

6.1　家庭医疗保健工程概述

21 世纪，随着人口老龄化趋势的加剧以及工作、生活压力的增加，人们对医疗保健的需求日趋强烈，使家庭医疗保健（HHC）工程应运而生。HHC 是一门新兴的边缘技术学科，是当代高技术和现代医疗相结合的产物，实现医疗进家庭，在病人家中实施监护、诊断、治疗、康复和保健。由于 HHC 的出现符合 21 世纪的社会老龄化、医疗费用日益高涨以及人们生活健康质量高要求的发展需求，同时可以实现医疗资源共享，并能提高边远地区的医疗水平，因此极具生命力。进入 21 世纪以来，HHC 备受美国、欧洲、日本等各国家和地区的重视，纷纷列入各自的优先发展计划。

HHC 最开始主要是为老龄化人群、依靠技术维持生命的年轻人和儿童（如事故、致残、先天性病症）、患有慢性病、晚期癌症或艾滋病患者以及特殊的健康人群（新生儿、孕妇）提供便利、适宜、可自行操作的家庭式医疗保健技术，实现医疗进入家庭的目标，以降低医疗费用，提高生存质量。

目前，随着高新技术的不断涌现，HHC 系列产品的发展也是日新月异，其检测与监护技术主要产品包括：家庭患者生物信息的检测、收集和记录系统，家庭患者主诉、症状、表现等信息的收集与记录系统，患者图像信息传送系统，患者的远程诊断与远程管理的支援系统，患者急救支援系统以及患者护理与辅助的支援系统。其中，在检测循环系统疾病的 HHC 产品开发中，首先对适于患者进行长时间监护的便携式检测装置进行了研究，尤以检测血压、心电等技术及产品的开发最为活跃。而检测呼吸功能的 HHC 产品开发中，主要研制了无创性测定血氧饱和度和肺功能流量的产品。HHC 的另一主要方面是对家庭孕妇及其胎儿进行监护与监测。家庭医疗监护网系统是为解决老龄人口和心血管病患者健康的家庭护理问题，以减少医疗费用及医院的负担而提出的。它是以医院为中心，利用现代计算机及通信技术将多个家庭连接构成一个网络系统，由家庭监护部分、程控电话网或计算机网和医院监护中心三部分组成。当家庭监护系统对提取的病人信息进行数字化转换、自动识别和报警时，可通过通信线路自动将有关信息（模拟或数字）传送至医院监护中心站。中心站可接收多个家庭的信息（同时或非同时），经识别处理后再通过电话或计算机通信将医嘱返回至家庭，这对指导家庭病人的治疗和急救起着十分重要的作用。随着医疗工程技术的发展，以药物为主的医疗正在以仪器或器械并重发展的方向转移。特别是在家庭医疗保健中，非药物的自然疗法更加受到人们的关注。如一些物理疗法，通过利用光热辐射、电磁刺激和机械按摩等物理作用，达到治疗疾病或缓解病情的目的。

HHC 的研究内容大致可分为家庭检测、家庭监护、家庭医疗监护网络、家庭治疗与保健以及康复与急救等 5 个方面。下面分别就这几个方面进行材料与 HHC 之间关系的描述。

6.2 材料与家庭健康检测

家庭健康检测是疾病的家庭自检，主要是指人们在自己家中就可以按说明书独立完成一些疾病的检测操作的家庭医学模式，可用于疾病的自我诊断（传染病、胃肠道疾病、女性激素改变等）与疗效监测（肿瘤标志物放化疗监测等）。家庭检测产品的消费对象为大众，操作简单，特别为非专业人群设计，采用的技术大都是可直接目测结果的干化学技术，其中最有代表性的技术是 20 世纪 90 年代在美国兴起的胶体金快检技术，被称为“一步法”操作，即只需要加入检测样品这一步操作，之后就能直接用肉眼看到显示结果。目前能在中国的药店里买到的“早早孕”就是世界上第一个“一步法”快检技术类家庭自检产品，也是世界上应用最广泛的家庭式自检产品之一。

家庭健康医疗检测器械，不同于医院使用的医疗器械，操作简单、体积小巧、携带方便是其主要特征。早在很多年前，许多家庭就备有各种简单的检测医疗器械，如体温计、听诊器、血压计等。这些简单的医疗器械方便实用，特别是对于一些有慢性病患者的家庭就更为实用，随时体察病人情况，及时就医。近年来，随着生活水平的日益提高，人们越来越关注自己和家人的健康情况，老式的医疗器械已经不能满足一些家庭的需要，各种简单实用、功能齐全的新型家庭用医疗器械已应运而生，走入家庭，成为人们生活中必不可少的用品。随着电子技术的发展，自动、半自动的电子家用医疗器械如电子血压计、便携式心电监测仪、血糖测试仪、电子体温计等相继面市。

同时，在医疗健康领域，相关技术方法也在信息技术的推动下得到了飞速发展：一方面，各类智能化、网络化医疗设备在当代医疗器械中所占的比重越来越大，另一方面，各类医疗健康相关信息本身已经成为了继传统的医用电子仪器、医用材料之后生物医学工程大家族中新的重要成员。由此医疗信息技术可分为两个大类：生物信号敏感材料的开发与生物信号的采集，以及对医疗健康信息的融合和利用。前者主要包含通过生物信号敏感材料对特定生物信号检测，从而实现对人体各项生理指标（例如体温、血压、血糖等）的收集及转换。后者则主要是对转换收集到的生物信息进行储存、传输以及分析与共享。可以说，现代医疗的发展体现了材料与信息技术的完美结合。

在体检中，医生会检测我们的体温、血压、心律、肝肾功能、血糖、血液、尿液等，这些信息的获取都依赖于各种传感器。新型生物信号敏感材料的应用使传感器向微型化、智能化、微创/无创和低成本发展，促进了传感器在微创/无创检测和家庭便携设备及智能设备中的应用。

6.2.1　血压检测

压力传感器是应用最为广泛的传感器之一，如工业自控和生物医学测量等，其中压电式压力传感器在医学测量上最为常用。

压电效应最早在石英晶体上发现，具有压电性的晶体受到外力作用发生形变时，正负电荷中心不再重合，导致晶体发生极化，而晶体表面电荷面密度等于极化强度在表面法向上的投影，所以压电材料两端会出现异号电荷。反之，压电材料在电场中发生极化时，会因电荷中心的位移导致材料变形。

当压电材料感受到弹性膜片传递来的压力变化时，其表面电荷发生改变，从而把压力信息转化为电信号传递出来。可见压电传感器是一种极具代表性的由材料完成信号转换的传感装置。

图 6-1 所示为压电材料与压力传感器及具有代表性的应用——血压计。

6.2.2　血糖检测

据 2013 年的报道可知，我国有 1.14 亿糖尿病患者，它是继肿瘤、血管病变

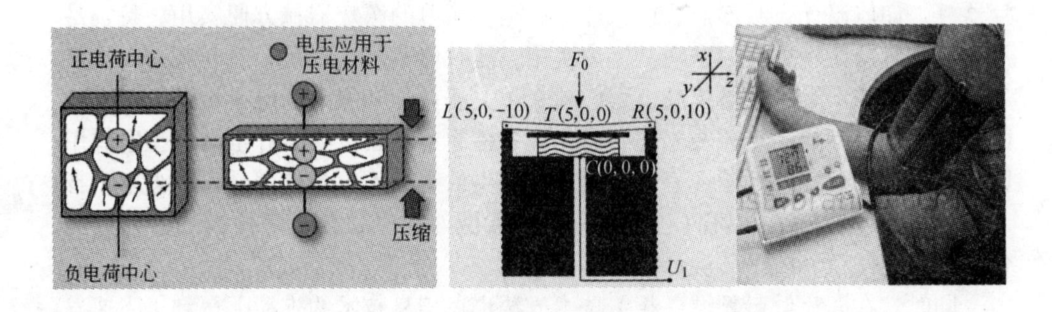

图 6-1 压电材料与压力传感器

之后第三大严重威胁人类健康的慢性疾病。传统的血糖仪需要患者每天扎手指采血才能得到血糖含量，对患者来说是一个痛苦的过程，因此微创和无创的血糖检测方法应运而生。

6.2.2.1 微创血糖检测方法

A 皮下植入式纳米管传感器

美国麻省理工学院的研究人员开发出一种碳纳米管传感器，传感器被嵌入在由藻酸盐制成的凝胶中，植入患者皮下，监测血糖或胰岛素水平。用近红外激光器照射传感器，即可读出其产生的近红外荧光信号，以判断碳纳米管和其他背景荧光之间的差异，如图 6-2 所示。

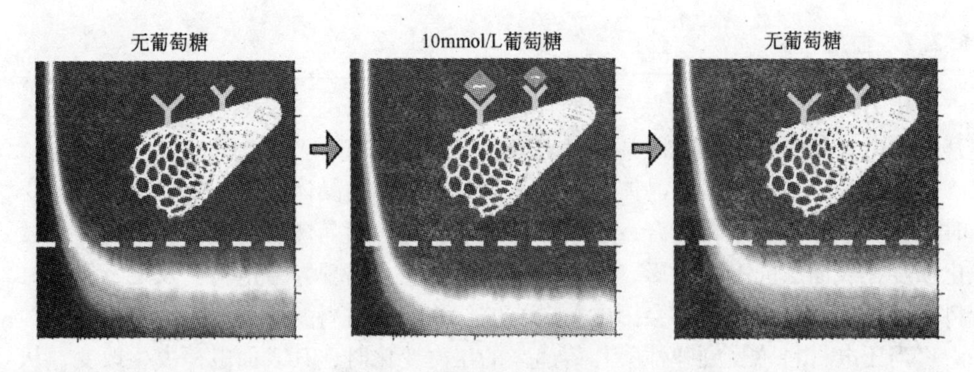

图 6-2 皮下植入式纳米管传感器

B 基于 Bio-MEMS 的手腕式血糖控制仪

手腕式血糖控制仪（见图 6-3）是基于生物微机械制造技术（Bio-MEMS）和纳微材料制备技术，由提取血液的微泵，带血糖传感器的电极和通过气压差推送药物的微泵组成。其工作原理是通过微针检测血糖浓度，再由微泵来注射药

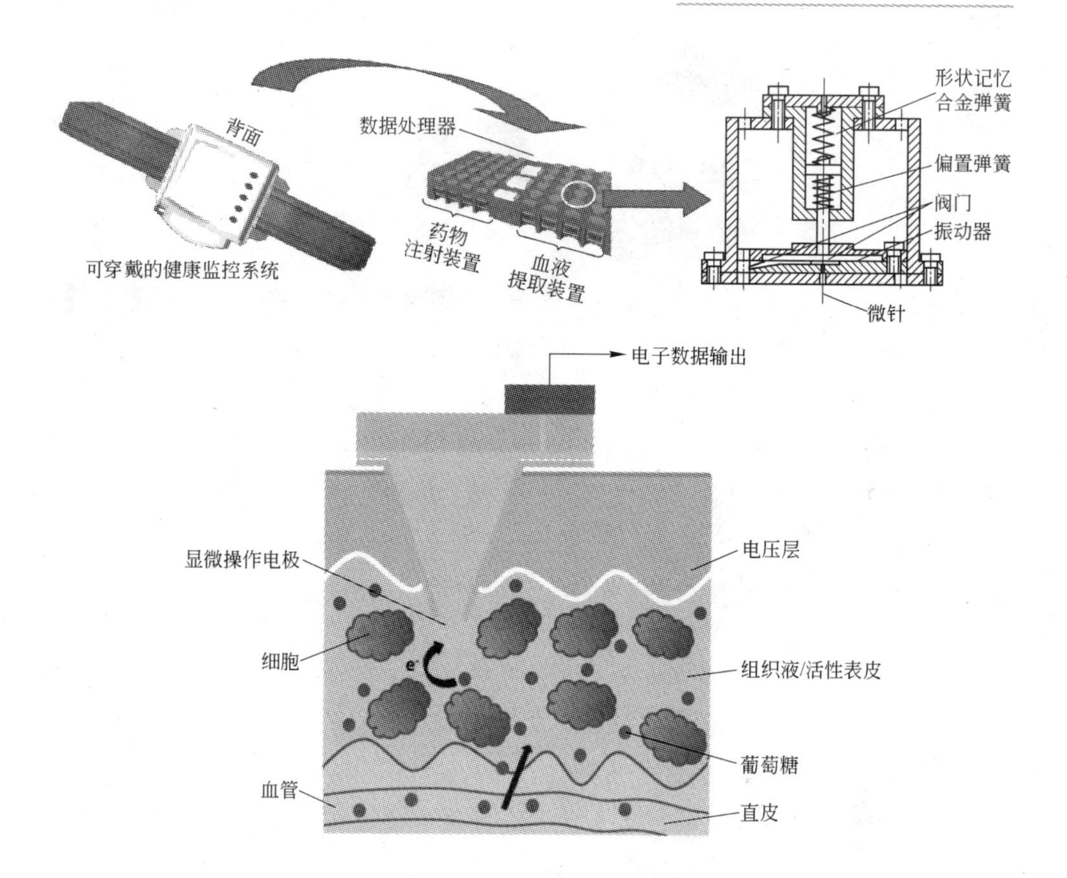

图 6-3 基于 Bio-MEMS 的手腕式血糖控制仪的构造

物，维持血糖水平的正常。其吸引人之处在于可根据血糖水平自动调节用药方案，避免了胰岛素治疗中常见的低血糖状况：如果检测的血糖水平低于正常值，则自动注射葡萄糖，如果监测的血糖水平高于正常值，则自动注射胰岛素。

6.2.2.2 无创血糖检测方法

A Cygnus 医疗仪表公司手表式血糖仪 GlucoWatch

Cygnus 医疗仪表公司手表式血糖仪 GlucoWatch 是历史上 FDA 第一次批准的无创血糖检测仪。手表式血糖仪的背面通过一层生物材料制成的凝胶垫与人体皮肤接触。凝胶中有两个电极，使用时电路接通，产生一股微电流通过人体的皮肤。皮肤中的带电离子在电流作用下分别向正负两个电极运动，而组织液中的葡萄糖分子会被带电离子“裹夹”着一起运动，进入凝胶。手表式血糖仪通过测量葡萄糖分子与凝胶中一种酶（葡萄糖氧化酶）的反应程度，就可以计算出当前的血糖水平，测量结果在“手表”屏幕上显示出来，如图 6-4 所示。

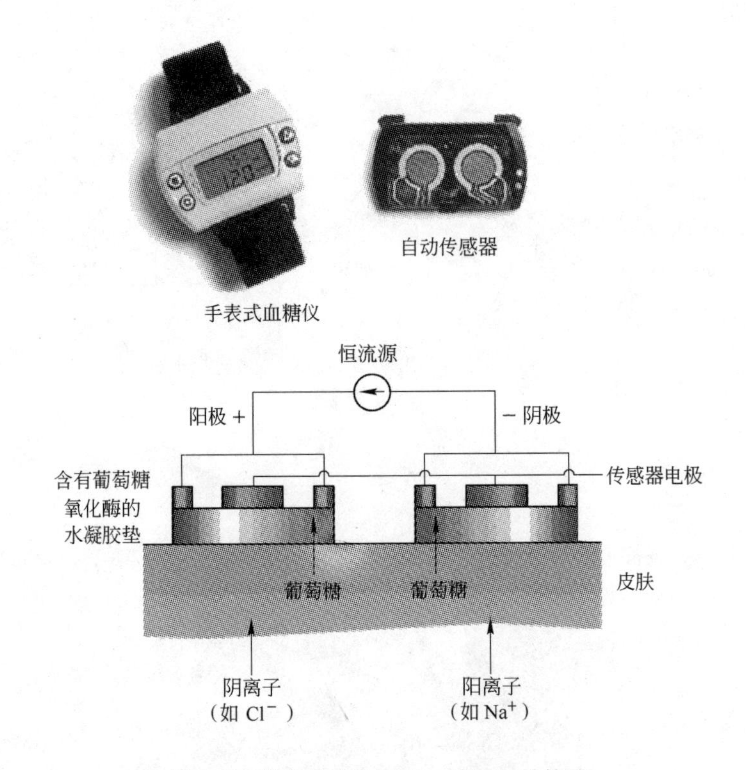

图 6-4 手表式血糖仪 GlucoWatch 的构造

B 谷歌血糖监测隐形眼镜

谷歌血糖监测隐形眼镜内置上万个微型晶体管和比发丝还细的天线，可通过分析佩戴者泪液中的葡萄糖含量来监测其血糖水平，并以无线形式发送到智能手机等移动设备上，从而免去取血化验的痛苦。这一发明体现了微电子技术及其承载体信息材料对生物信号采集微型化的巨大贡献，如图 6-5 所示。

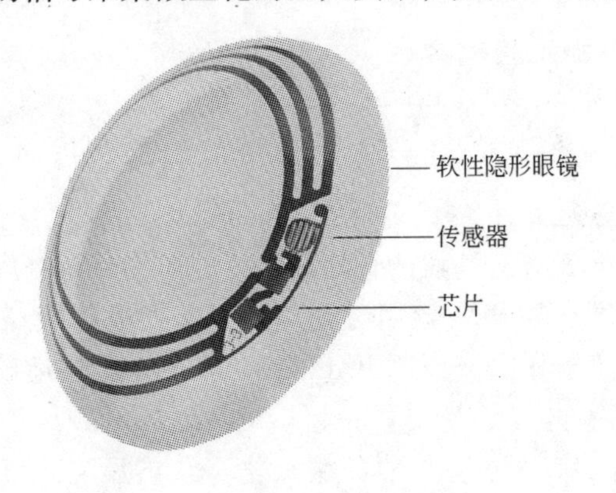

图 6-5 谷歌血糖监测隐形眼镜

C C8 Mediasensors 非侵入性血糖检测设备

HG1-c（见图 6-6）设备依靠光谱来间接衡量一个人的血糖水平。这种技术通过强光激发血液血糖分子，并使它们振动。随后光学传感器开始分析离开这些振动分子的反射光，并返回一个读数用来计算近似血糖水平。苹果公司已经与 C8 Mediasensors 开展合作，希望能将这种使用光学方法来检测血糖水平的技术应用到 Apple Watch 中。

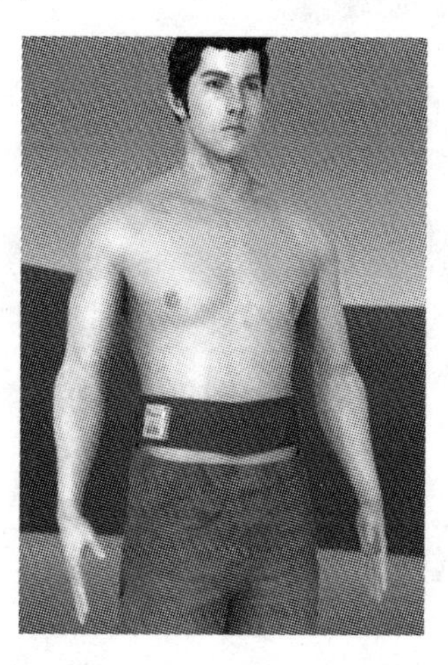

图 6-6 HG1-c 血糖监测设备
（值得注意的是，HG1-c 设备只有 5oz(0. 142kg)，可以穿在衣服下面）

6.2.3 汗液传感器

图 6-7 所示像纹身一样的传感器由含固定化乳过氧化物酶的材料制成，会黏附在皮肤上，检测运动时汗液中的乳酸水平。最新的研究发现可以利用这种乳酸制造微型燃料电池，虽然现在可以产生的电量还很微弱，希望将来可以用这种智能纹身为可穿戴设备发电。

6.2.4 生物检测芯片

6.2.4.1 被动式生物检测芯片

A 表面等离子共振生物传感器

表面等离子共振（surface plasmon resonance，SPR）是一种物理现象。当入射

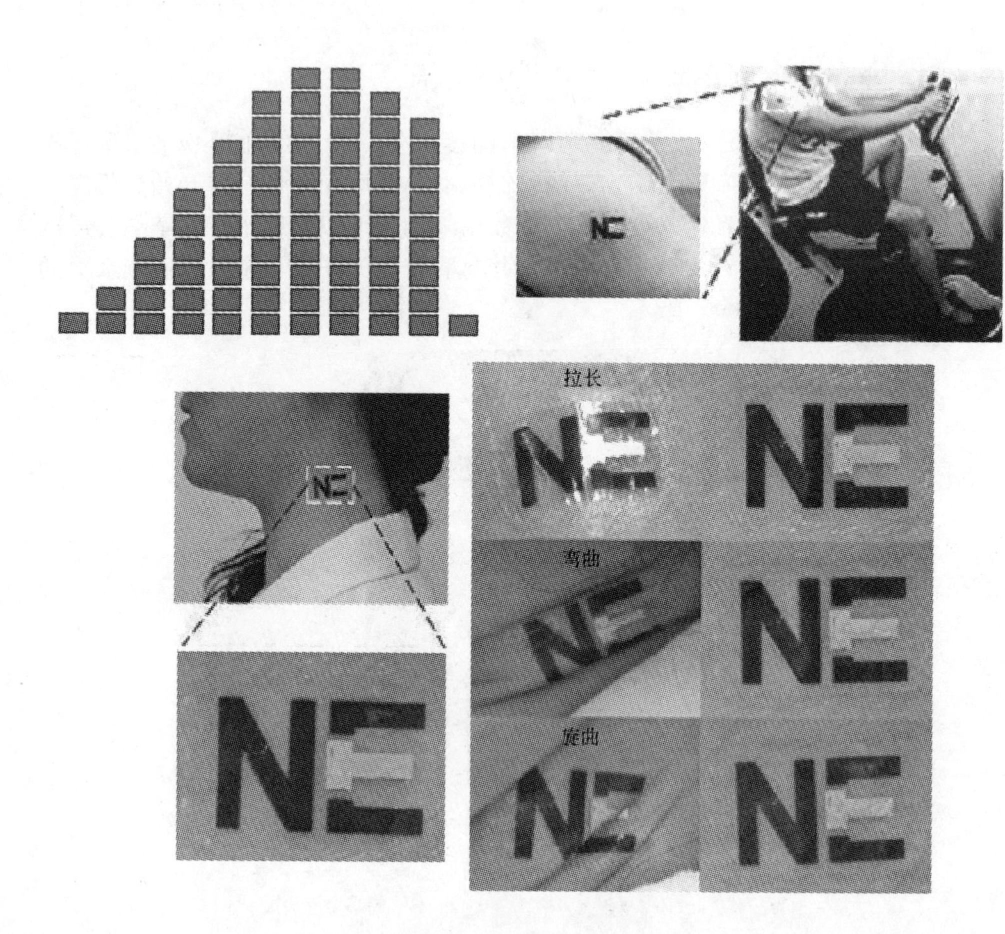

图 6-7 纹身汗液传感器

光以临界角入射到两种不同折射率的介质界面（比如玻璃表面的金或银镀层）时，可引起金属自由电子的共振，由于共振致使电子吸收了光能量，从而使反射光在一定角度内大大减弱。其中，使反射光在一定角度内完全消失的入射角称为 SPR 角。SPR 随表面折射率的变化而变化，而折射率的变化又和结合在金属表面的生物分子质量成正比（见图 6-8）。因此可以通过获取生物反应过程中 SPR 角的动态变化，得到生物分子之间相互作用的特异性信号。

应用表面等离子共振技术设计的生物传感器称为 SPR 生物传感器。当被测物（DNA、RNA、蛋白质、病毒、细菌、细胞等）与芯片上的生物大分子探针结合时，会导致金属薄膜 SPR 响应发生变化，从而达到检测目的。这种新型生物传感分析技术无须进行标记、无须纯化各种生物组分，已经在商业化检测仪器中广泛应用，重庆大学目前已开发出小型化和高精度的 SPR 传感器产品。

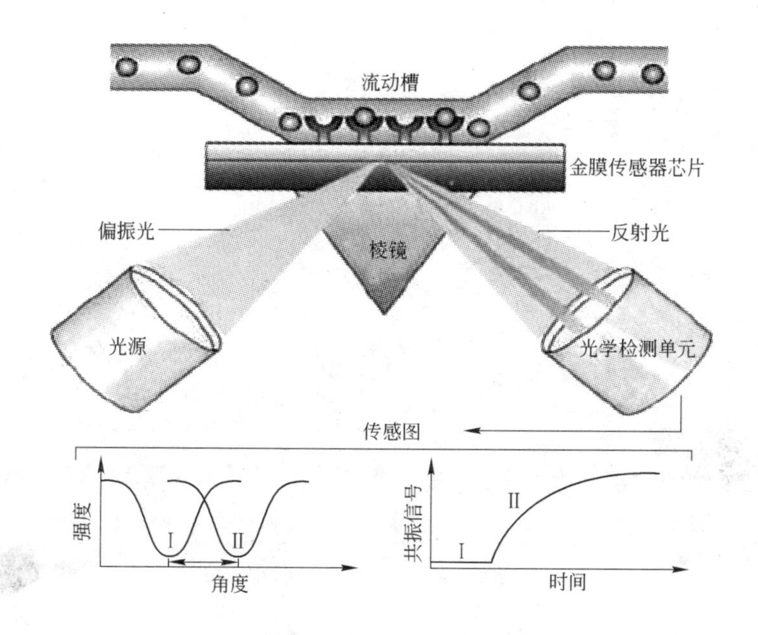

图 6-8 SPR 生物传感器的检测原理

B 低成本霉菌毒素检测芯片

西南大学开发出一种由高分子 POEGMA-co-GMA 形成的刷状结构作为芯片的敏感元件，用以检测霉菌毒素，如图 6-9 所示。这种结构具有样本结合量大、特异性高等特点，且材料本身成本低，适用于高通量快速检验食品和环境中的有毒物质。

6.2.4.2 主动式生物检测芯片

芯片实验室（lab-on-a-chip，LOC）或微流控芯片（microfuidic chip）属于主动式检测芯片，样品在一个小的芯片装置中连续完成实验室中的一系列工作，包括样品核算提取、纯化、RCR、跑胶、检测等过程而不需要人的外在干预。

芯片实验室集中体现了将分析实验室功能转移到芯片上的理想，是材料微刻技术的结晶。芯片实验室能实现对原有检验仪器微型化，制成便携式仪器，用于医院病床边检验和家庭监测。如血细胞分析、酶联免疫吸附试验（ELISA），血液气体和电解质分析等。图 6-10 所示为重庆科技学院使用光刻技术在有机硅材料聚二甲基硅氧烷（PDMS）上制作的血液分析芯片。

微流控芯片（microfluidics），是指把化学生物领域所涉及的样品制备、反应、分离检测以及细胞培养、分选、裂解等基本操作单元集成到一块很小的芯片上，芯片内设计了适当结构的微通道网络以可控流体贯穿整个系统，用以实现常

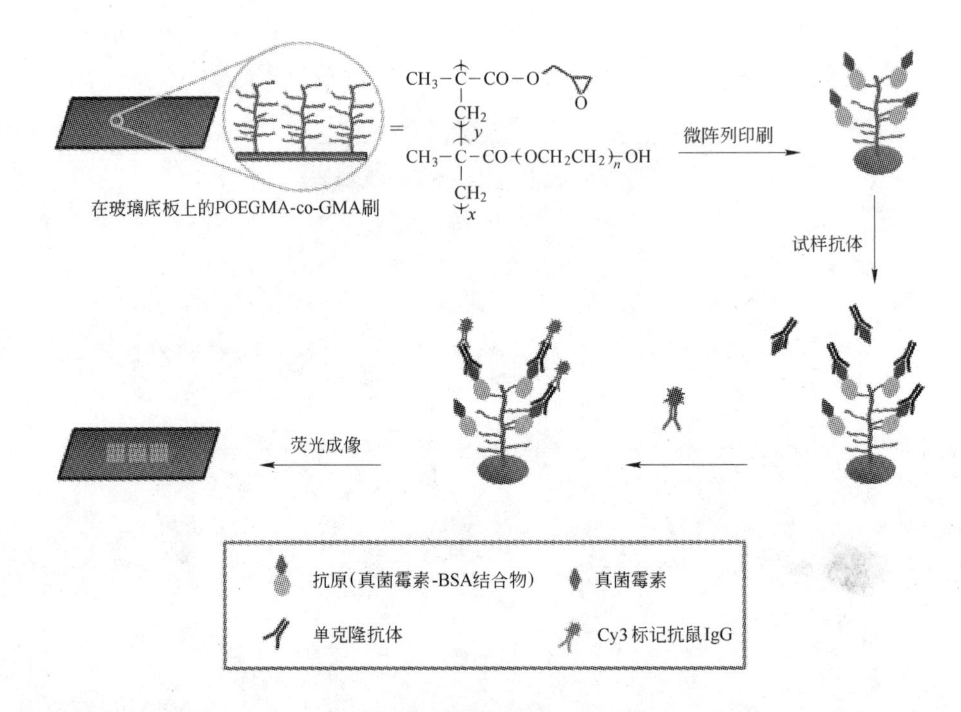

图 6-9 刷状结构毒素检测芯片

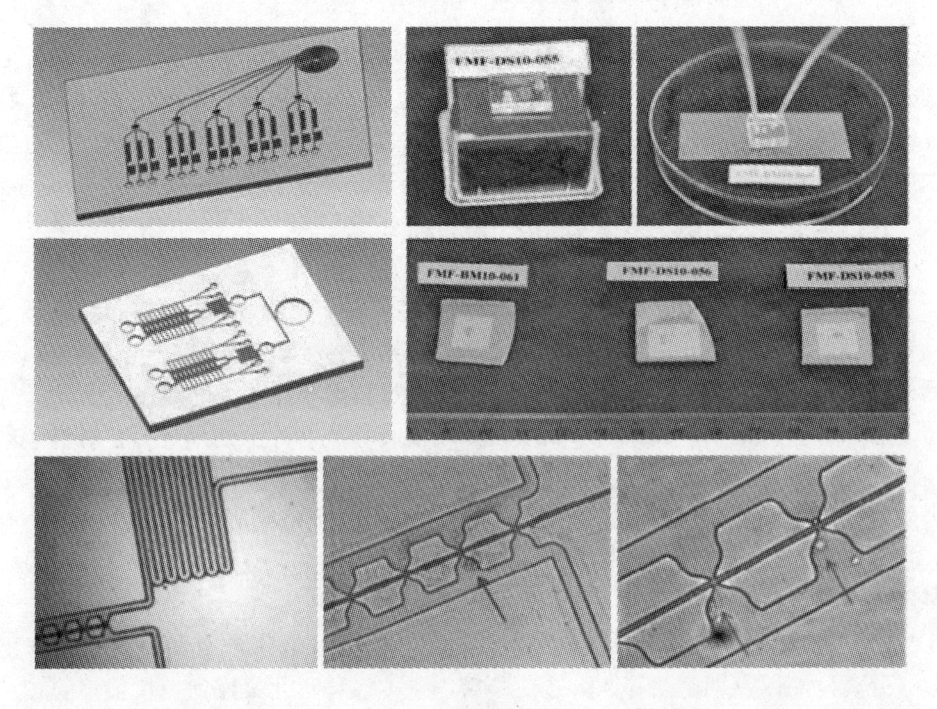

图 6-10 微流控芯片

规化学或生物实验室的各种功能。微流控芯片在疾病诊断、药物筛选、环境监测、食品安全、司法鉴定等事关人类生存质量的许多方面具有非常强大的运用前景。现阶段，微流控芯片在生物学最重要的应用领域是细胞生物学。微流控芯片的研究对象是活细胞，它可直接观察实验条件下的细胞变化，是普通蛋白或者基因芯片无法替代的。

具有组织诱导功能的生物材料已成为当代生物材料领域的研究重点，其核心是通过材料自身优化设计，诱导体内干细胞定向分化。筛选最适合的生物材料，传统的方法主要通过材料与细胞共培养，利用细胞形态变化、增殖速率以及借助生化手段分析大量经消化处理的细胞裂解液，或是通过免疫荧光技术观察被固定细胞的一些功能蛋白，来间接地测试与评价材料对细胞行为的影响。这种方法存在效率低下、可控性差等问题，并且间接的检测结果很难反映真实的细胞变化。现阶段，微流控芯片在生物学最重要的应用领域之一就是细胞生物学。微流控芯片研究的对象是活细胞，可直接观察实验条件下的细胞变化，是普通蛋白或者基因芯片无法替代的。因此，需要一种实时检测活细胞在生物材料的行为的微流控检测芯片，以高效地筛选生物材料。重庆科技学院生物医学工程研究院研制的一种高通量生物材料筛选微流控芯片，可以实现在一块芯片上同时检测不同生物材料作用下的细胞整体形态及细胞内标记蛋白活性的变化，监控生物材料对真实细胞的作用效果，大大降低检测成本，提高检测准确率和检测效率，达到生物材料筛选的目的，如图 6-11 所示。

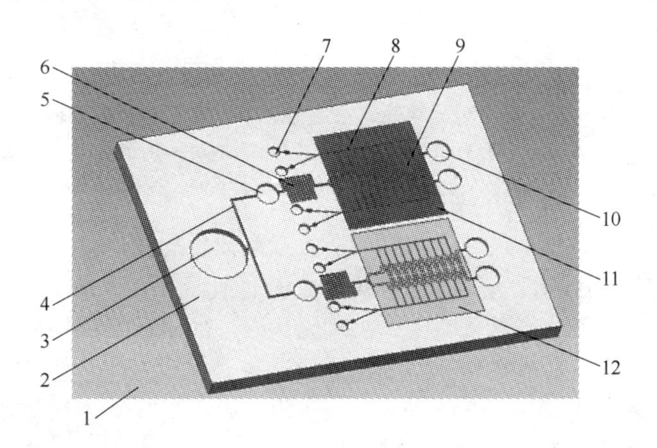

图 6-11 高通量生物材料筛选微流控芯片的俯视结构示意图

1—基片；2—微流控检测装置；3—细胞进样元件；4—通道；5—质粒转染元件；6—蛇形通道；7—单向驱动微阀；8—生化试剂及生长因子加载元件；9—细胞捕获元件；10—废液池；11—生物材料；12—与 11 不同的另一种生物材料

传统的药物筛选芯片主要通过分子间相互作用原理，将药物靶标的蛋白或核酸分子固定于芯片上，通过记录药物分子与靶标分子结合的反应过程对药物进行筛选。这种方式的药物反应是在完全离体的状态下进行的，不能代表真实药物所引起的生理反应变化。微流控芯片在药物筛选、疾病诊断、环境监测等的许多方面具有非常强大的运用价值。因此，目前需要一种新型的高通量药物筛选微流控芯片。重庆科技学院生物医学工程研究院研制的一种高通量药物筛选微流控芯片，由细胞进样元件、缓冲池、单向驱动微阀、盘形弯曲通道、药物加载元件、质粒转染元件、接液池等组成。在检测过程中，实现了在一块芯片上同时检测不同药物作用下细胞整体形态及细胞内标记蛋白活性的变化，监控药物对真实细胞的作用效果，大大降低了检测成本，提高了检测准确率和检测效率，达到了药物筛选的目的，如图 6-12 所示。

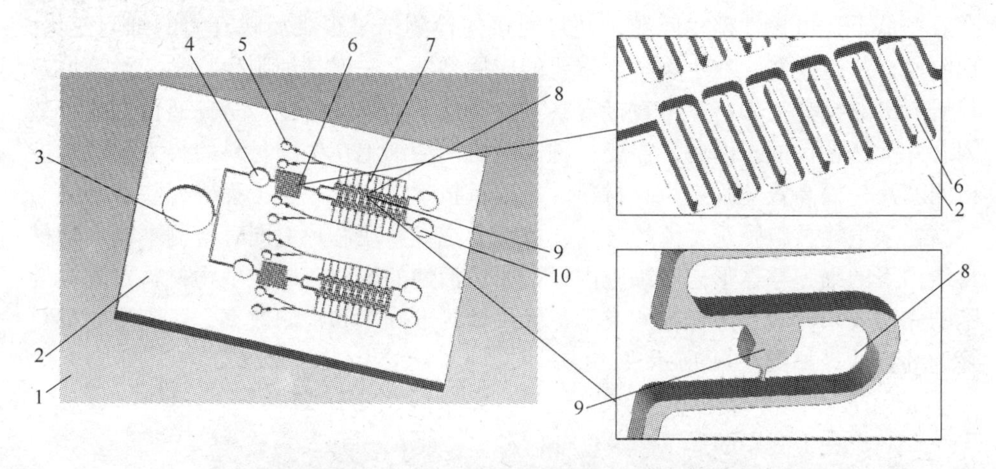

图 6-12 高通量药物筛选微流控芯片的俯视结构示意图

1—基片；2—聚二甲基硅氧烷 PDMS 型材；3—细胞进样池；4—缓冲池；5—单向驱动微阀；6—盘形弯曲通道；7—药物加载通道；8—质粒转染元件；9—细胞捕获元件；10—接液池

白血病，俗称血癌，是一组常见的造血组织原发恶性血液病，表现为正常造血细胞显著减少并且恶性病变，恶变的白血病细胞无限增殖并浸润骨髓及其他组织，最终致正常造血细胞显著减少，出现无法控制的出血及感染而死亡。该类恶性疾病在早期即可出现不同种类白细胞数量、形态和标志性蛋白活性的变化。临床上目前采用多个试剂盒组合进行诊断，成本高效率低且血液样品用量大，不利于长期大范围多样品检测。因此，需要一种用在医疗临床白血病检测诊断的，以降低检测成本，提高检测准确率和检测效率的微流控芯片。

重庆科技学院生物医学工程研究院研制的一种白血病早期检测的微流控芯片，由基片和微流控检测器两部分组成，在同一芯片上组装有 18 条以上检测通道，在检测过程中，可实现在一块芯片上同时检测一个病人样品常见白血病的十余种亚型，大大降低了检测成本，提高了检测准确率和检测效率，如图 6-13 所示。

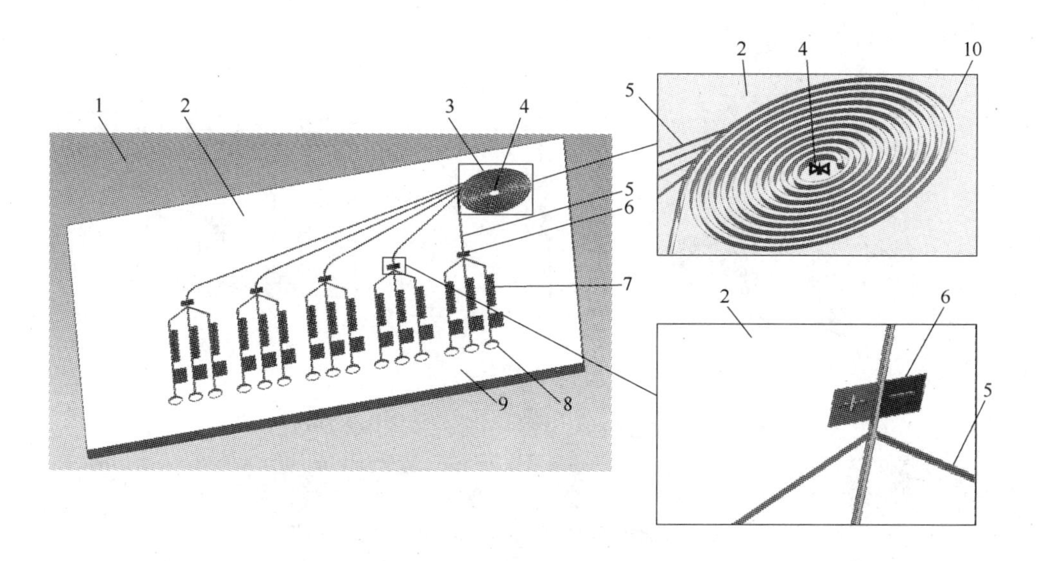

图 6-13 白血病早期检测的微流控芯片示意图

1—基片；2—微流控检测器；3—细胞分选元件；4—进样调控泵装置；5—通道；6—电场分选装置；7—细胞捕获元件；8—质粒转染元件；9—接液池；10—螺旋分选通道

6.3 材料与家庭健康护理

6.3.1 健康鼻塞

目前，空气污染日益严重，人们对健康越来越关注，于是发明和产生了各式各样的鼻塞。但是，由于市面上一般的鼻塞会使使用者感到呼吸不畅，而且由于鼻塞原因，说话时影响正常的发音，故一般的鼻塞不能完全满足人们对于舒适鼻塞的要求。因此，需要一种使人们使用舒服不影响发音，又具有防空气污染的新型鼻塞。重庆科技学院生物医学工程研究院研制了一种新型的多腔体多层过滤鼻塞，由鼻塞体、鼻夹、隐形固鼻条、眼镜配饰挂四部分组成，其特征在于鼻塞体为外端直径大内端直径小的圆台状，两个鼻塞体外端通过鼻夹连接，隐形固鼻条与鼻塞体外端一侧相接，其另一端与眼镜配饰挂相接，如图 6-14 所示，该鼻塞内部多级过滤系统使吸入的空气可以得到更好的净化，具有较大的通道使得空气流通量更大，同时，制作的隐形固鼻条、眼镜配饰挂使用时只需将它挂在眼镜或者墨镜的支架上，能够适用更多的人群。

重庆科技学院生物医学工程研究院还研制了一种过滤空气的便携式鼻塞，由鼻塞体和固定装置两部分组成，其特征在于外层侧壁是吸水棉壁；空气经过鼻塞体要通过四道过滤；鼻塞体内部有一个圆锥形状的空气通道，另外还设计有胡子

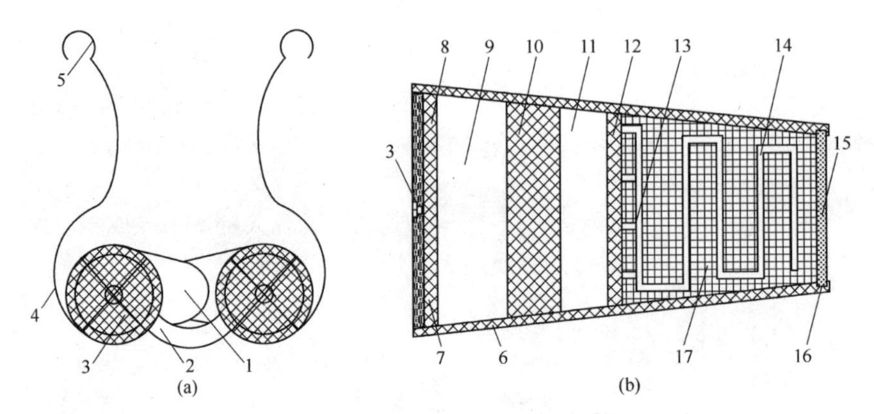

图 6-14 多腔体多层过滤鼻塞结构示意图（a）及鼻塞体纵剖面结构（b）示意图

1—鼻塞体；2—鼻夹；3—外挡网支撑架；4—隐形固鼻条；5—眼镜配饰挂；6—吸水棉垫壁；7—外挡网；8—第一道过滤网；9—空腔一；10—第二道过滤网；11—空腔二；12—第三道过滤网；13—直型毛细导管；14—盘曲状壁透气毛细管；15—内挡网；16—凹槽；17—填充体

配饰和挂饰钩两款。它比普通鼻塞设置更多的过滤系统，使吸入的空气净化效果更好；内部圆锥状的空气通道让使用者不会产生气闷的不适感，同时能够保证声音的清晰度；外层吸水棉也增强了产品的舒适度。男女分型的固定装置和人性化的设计使得产品在使用时更加便捷、美观，如图 6-15 所示。

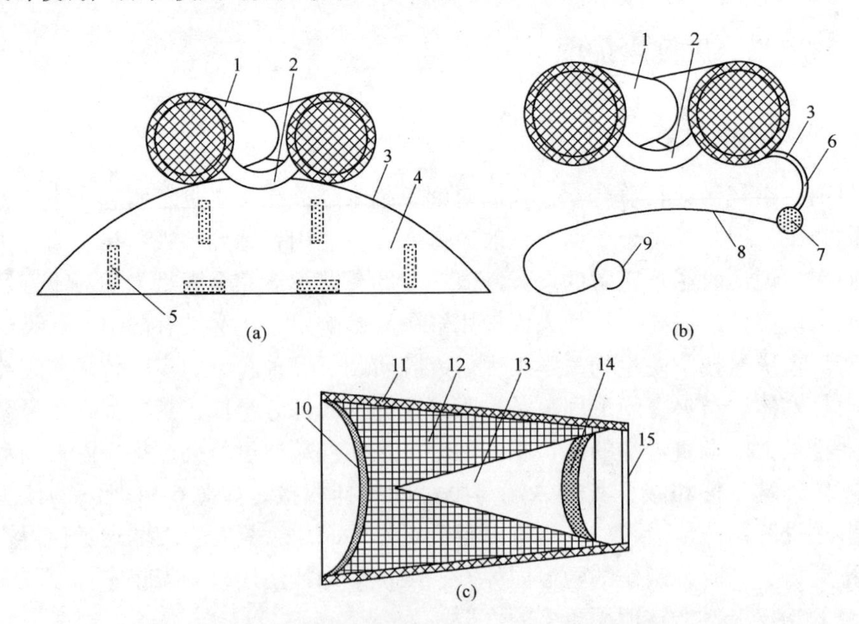

图 6-15 过滤空气的便携式鼻塞的主视结构（a），（b）及纵向剖视结构示意图（c）

1—鼻塞体；2—鼻夹；3—固定装置；4—胡子配饰；5—固定贴；6—固定软条；7—固定粘片；8—配饰链；9—挂饰钩；10—外挡网；11—吸水棉壁；12—第一道过滤网；13—空气通道；14—第二道过滤网；15—内挡网

6.3.2　家中瘫痪病人用品

瘫痪病人和长期在床的病人容易起褥疮，需要经常按摩和清洁。目前，市场上大多数具有按摩功能的病床是机械电动的，因此成本高，价格不菲。一般经济状况的老年人使用不起，也增加了老人疗养院和福利院大批使用的成本。为了解决这一问题，急需一种成本低的瘫痪病人专用床。重庆科技学院生物医学工程研究院致力于家庭医用保健制品的研究，发明了一种瘫痪病人专用床，由床板、床垫、按摩床垫组成，其特征在于：床板床头一端的两条床腿上安装有床板升降杆，在距离床头 2/5 处床板断开为头尾两节，床安装有圆形床洞门，马桶车可以依据马桶定位槽将马桶对准在圆形床洞门的正下方。其特点是不需要电力，全人力，结构简单、环保、大大降低了病人的使用成本，扩大了不同经济条件下的病人的适用人群，方便了病人的生活，也有益于产品的推广，如图 6-16 ~ 图 6-18 所示。

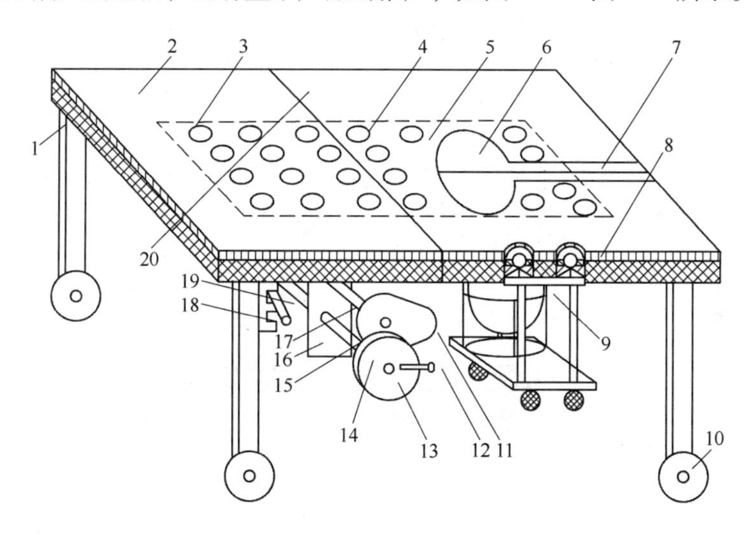

图 6-16　瘫痪病人专用床的主视立体示意图

1—床板;2—床垫;3—按摩床垫;4—按摩孔;5—按摩头;6—圆形床洞门;7—洞槽;8—马桶定位槽；
9—马桶车；10—床腿万向轮；11—按摩垫凸轮；12—大直径圆盘把手；13—大直径圆盘；
14—传动大直径齿轮 15—小直径齿轮；16—轴杆固定架；17—轴杆；
18—升降杆固定板槽；19—床板升降杆；20—床板和床垫断开缝

重庆科技学院生物医学工程研究院设计了一种按摩床垫，由按摩垫、床板、床垫三部分组成，其特征在于：按摩垫在最下层，它的上面是床板，最上层是床垫；按摩垫上均匀排列有按摩柱，对应按摩柱的直径大小，在床板和床垫上，都开有相应能够让按摩柱无阻力自由穿过的床板按摩孔和床垫按摩孔。其特点是结构简单，成本低廉，按摩效果良好，可以依据病人需要定制不同直径大小的按摩柱，如图 6-19 和图 6-20 所示。

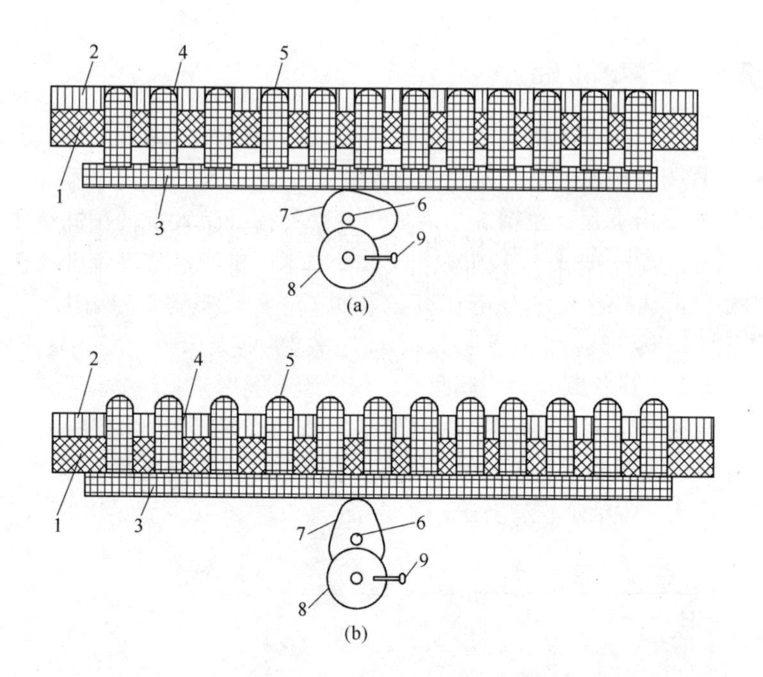

图6-17 按摩垫凸轮未使用时（a）及使用时顶起按摩头（b）的示意图
1—床板；2—床垫；3—按摩床垫；4—按摩孔；5—按摩头；6—小直径齿轮；
7—按摩垫凸轮；8—大直径圆盘；9—大直径圆盘把手

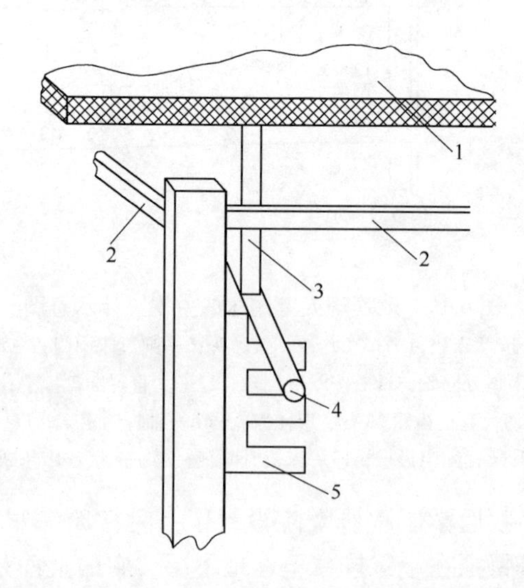

图6-18 床板升降杆和顶杆与床板连接示意图
1—床板；2—横梁；3—顶杆；4—床板升降杆；5—升降杆固定板槽

我国已进入老龄化社会，老年瘫痪病人逐年增多，需要专门的瘫痪病人

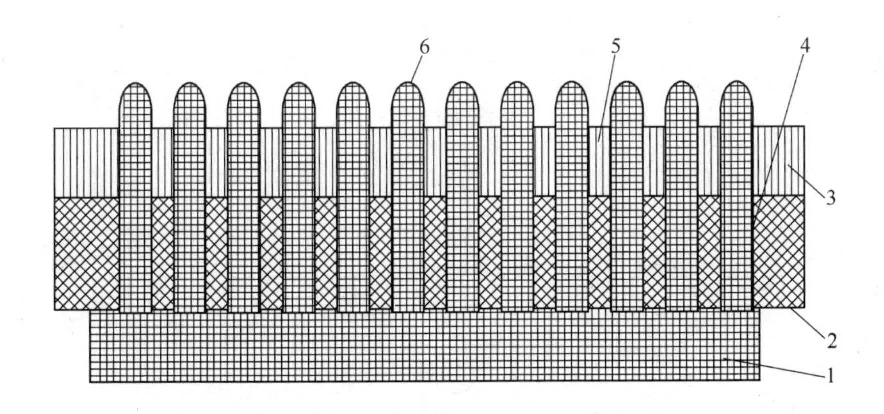

图 6-19 按摩垫的主视剖面结构示意图

1—按摩垫；2—床板；3—床垫；4—床板按摩孔；5—床垫按摩孔；6—按摩柱

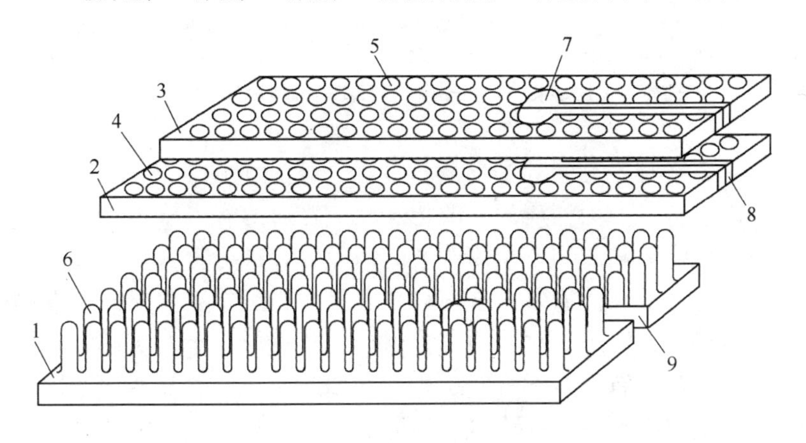

图 6-20 按摩垫的拆分立体示意图

1—按摩垫；2—床板；3—床垫；4—床板按摩孔；5—床垫按摩孔；6—按摩柱；
7—床垫开合区；8—床板开合板；9—按摩垫开口

床的同时，也需要有与之配套的用于瘫痪病人的病床专用卫生洁具。为此，重庆科技学院生物医学工程研究院在发明一种专门用于瘫痪病人休养的病床的基础上，设计了一种用于瘫痪病人的病床专用马桶。由手推小车和马桶体两部分组成，其特征在于：手推小车是一侧有手推车杆的呈 L 形的小轮低平板车；车底板中央区域加工有一个排泄圆洞，马桶体的弧形底部安装有排出口。其特点是马桶可以便捷地移动，可以接到水管处，用水对马桶进行冲洗，固定杆可以将马桶很好地固定在所在位置，方便清洁人员进行操作，如图 6-21 所示。

目前，设计生产的普通服饰大多是对于广大人群设计的，而这些衣服对于

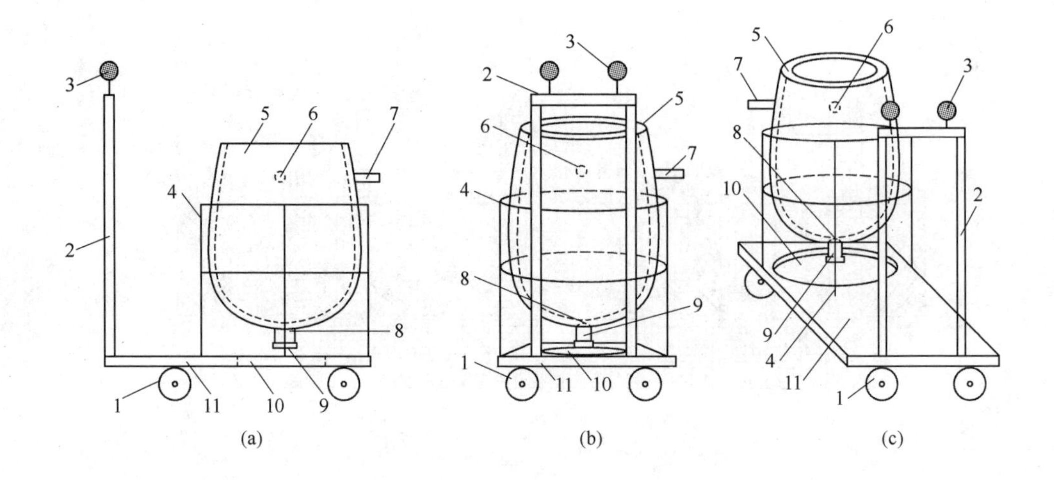

图 6-21　手推式专用马桶的主视结构（a）、左视立体（b）及立体（c）示意图

1—手推小车；2—手推车杆；3—固定杆（球）；4—马桶支架；5—马桶体；6—进水孔；7—进水管；8—排出口；9—排泄阀门；10—排泄圆洞；11—车底板

病人显得穿着复杂且不方便。当前所涉及的对于病人的服饰存在着样式统一，结构不合理因素，且因为瘫痪病人的特殊性，普通的病人服饰不能够满足他们的需求。故瘫痪病人的服饰不能用普通的病人服饰进行替代，需要一种专门针对瘫痪病人服饰用的便捷服装。重庆科技学院生物医学工程研究院发明了一种瘫痪病人的服装，由衣体和裤体两部分组成，其特征在于：衣体和裤体都分成前面和背面两片，正背两片都有双层布的衣袖连接边、衣身连接边以及裤腰和裤体连接边，在这些连接边双层布内部，均匀地嵌有磁石片。与现有技术相比，穿着简单方便，便于瘫痪病人的使用，磁石片还可以对病人进行磁疗，起到保健作用，如图 6-22 和图 6-23 所示。

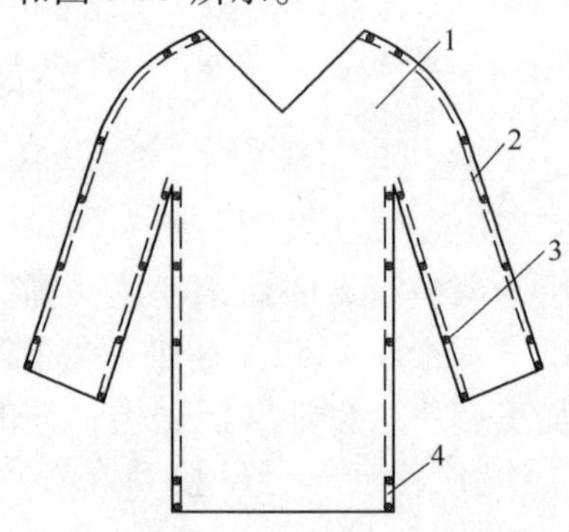

图 6-22　上衣正面结构示意图

1—衣体；2—衣袖连接边；3—磁石片；4—衣身连接边

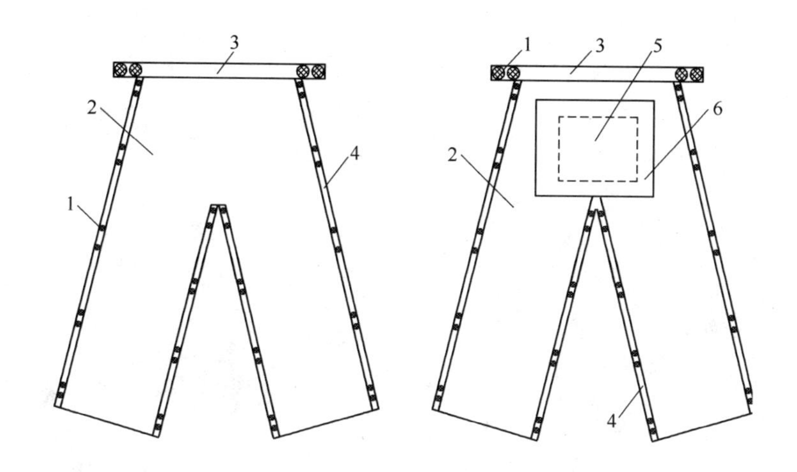

图6-23 裤子正、背面结构示意图
1—磁石片；2—裤体；3—裤腰；4—裤身连接边；5—后档及臀部开洞；6—开洞垫布

6.4 家庭健康管理

在通过前述方法获取了患者的健康信息之后，如何对这些获取的信息进行综合利用同样是目前生物医学工程研究领域的热点之一。通过对个人健康信息的整理和挖掘，医疗服务人员不仅可以从中了解到患者本身的相关健康情况，提供个性化和远程医疗服务，更有可能利用大数据挖掘的方法，从大量人群的健康信息中找寻特定疾病的治疗规律，进一步优化治疗手段提高治疗效果。与此同时需要注意的是，个人医疗信息属于非常敏感的个人信息，国家对个人医疗健康信息的储存和管理进行了专门立法，有着明确的管理要求。因此，医疗健康信息的管理是在严格安全认证基础上的有效利用。

6.4.1 医疗健康信息的储存

与传统纸质病历相比，信息化的医疗健康信息最直观的区别是其储存形式的电子化。美国国立医学研究所就将个人的医疗健康信息直接称为电子病历（electronic medical record，EMR），并给出了明确的定义：电子病历是基于一个特定系统的电子化病人记录，该系统提供用户访问完整准确的数据、警示、提示和临床决策支持系统的能力。除了储存介质方面的差别，电子病历还具有以下几方面特征：真正以病人为中心，这意味着电子病历不仅包含病人的自身信息，而且要向所有参与医疗保健活动的人提供相关信息，如社区保健、急诊服务、远程医疗等。这一点尤其不同于以医疗机构为中心的历次就诊或治疗信息记录（门诊或住院病历）。另外，电子病历不仅仅包含病人以往的就诊记录，还应该包含更全面的信息，即根据病人以往的健康状况和就诊经历，来及时提醒病人现在以及将来应该做些什么，注意些什么（见图6-24）。这些提醒可以通过网络的形式实时传送给病人或者控制病人体内植入的医疗设备进行对应的操作。

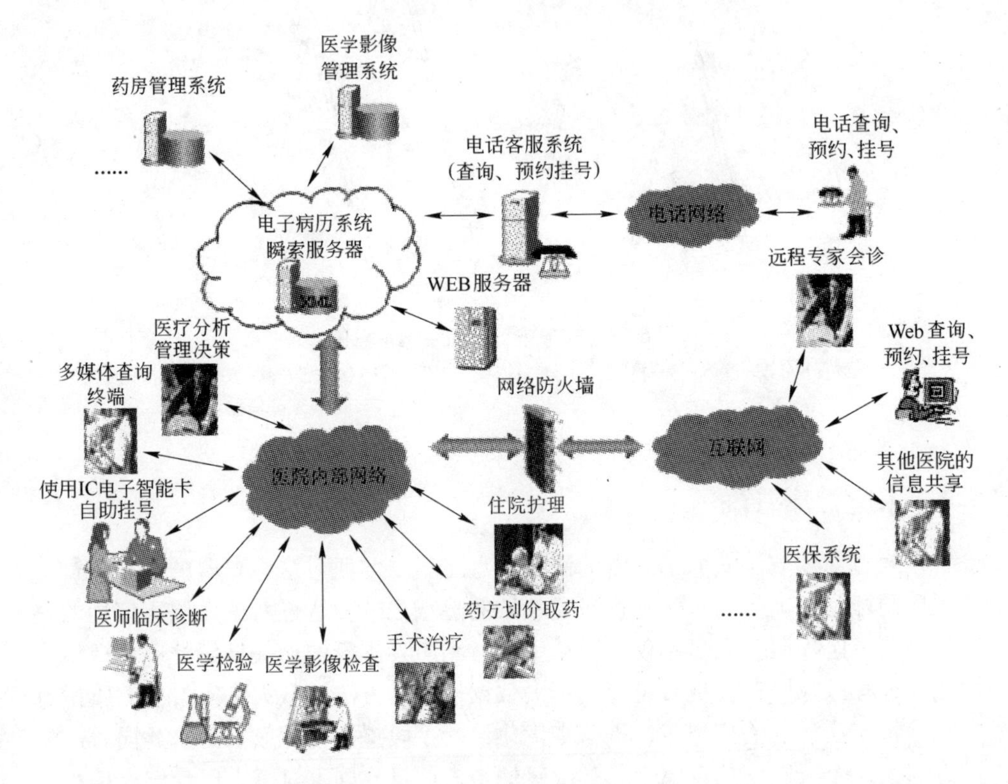

图6-24　电子病历服务示意图

由于电子病历是对医疗过程的全部记录，涉及病人的隐私。因此保护病人的隐私是临床医生的职业道德和行业义务，不应未经病人同意公布于其他人，这种义务在一些国家同样以法律条文固定下来。病历是具有法律效应的文件，病历数据具有法律证据作用。我国自2002年4月1日起施行《最高人民法院关于民事诉讼证据的规定》，特别是关于“医疗行为举证责任倒置原则”，使得病历中医疗数据的安全性愈发重要。“共享性”是电子病历的优势。通过网络电子病历中的医疗数据可以跨专科、跨医院、跨地域地实现共享。那么，哪些数据可以共享，哪些数据不能共享，或在什么情况下才可以共享，这是EPR安全性必须解决的问题。

6.4.2　信息传输技术的发展

传统上，不同医疗设备或者医疗机构之间对个人健康信息的交换分享都是通过纸质病历或者具体媒介（例如 X 光片）。近年来，信息技术中的无线通信技术取得快速发展，陆续出现了多种新的短距离无线通信技术，为低成本、低功耗的小型便携设备和智能设备进入家庭，为个人健康服务奠定了技术基础。

用于短距离无线通信的技术主要包括 Wi-Fi（IEEE 802.11）、蓝牙（bluetooth）、ZigBee（紫蜂协议）、NFC（近场通信）、IrDA（红外线数据通信）等，下面简要叙述一下各自特点。

6.4.2.1 Wi-Fi

Wi-Fi 采用无线局域网络系列标准的 IEEE 802.11，工作在 2.4GHz 和 5GHz 频段，提供无线局域网的接入，可实现几兆到几十兆的无线接入。WLAN 最大的特点是便携性，解决了用户“最后 100m”的通信需求，主要用于解决办公室无线局域网和校园网用户与用户终端的无线接入。

其优点主要有：

（1）灵活性。安装容易、使用简单，可将网络延伸到线缆无法达到的地方，可方便增、删、改；组网灵活，可通过基础结构介入骨干网，也可自组网。

（2）可伸缩性。在适当位置添加接入点（access point，AP）和扩展点（extend point，EP）即可完成网络扩充。

（3）经济性。可用于物理布线困难和不适合进行物理布线的地方，如危险区和古建筑等场合；节省线缆和附件的费用，省去布线工序和人工费用；网络投入迅速提高经济效益；临时网络使用，价格低成本；线路频繁更换场合，节省长期成本。

由于 Wi-Fi 优异的带宽是以较高的功耗为代价的，因此大多数便携 Wi-Fi 装置都需要较高的电能设备，这是 Wi-Fi 与其他几种无线通信技术相比最大的不足之处，限制了它在工业场合的推广和应用。

6.4.2.2 蓝牙

蓝牙是一种近距离无线连接技术，它是一种无线数据与语音通信的开放性全球规范，以低成本的短距离无线连接为基础，可为固定的或移动的终端设备提供廉价的接入服务。其实质内容是为固定设备或移动设备之间的通信环境建立通用的近距无线接口，将通信技术与计算机技术进一步结合起来，使各种设备在没有电线或电缆相互连接的情况下，能在近距离范围内实现相互通信或操作。

蓝牙运行在 2.4GHz 频段，即 2.4 ~ 2.483GHz，这是全球范围内的开放频段，无需申请许可证即可使用。它的传输距离一般为 10m（有增强技术时可到 100m），最高传输速率为 1MB/s（有效速率 723kB/s），最新一代蓝牙技术可达 24MB/s。

蓝牙是以个人区域网络（personal area network，PAN）为应用范围的传输技术，核心便是通过嵌入一块大小约 9mm×9mm 的芯片，实现语音和数据在短距离上的稳定无缝无线连接。这种连接是开放式的，再加上芯片体积十分小，因此能够方便地嵌入设备中，应用于各种需要在网络上传输数据和语音的设备，如数码相机 PDA、无线耳机，当然更少不了手机（见图 6-25）。

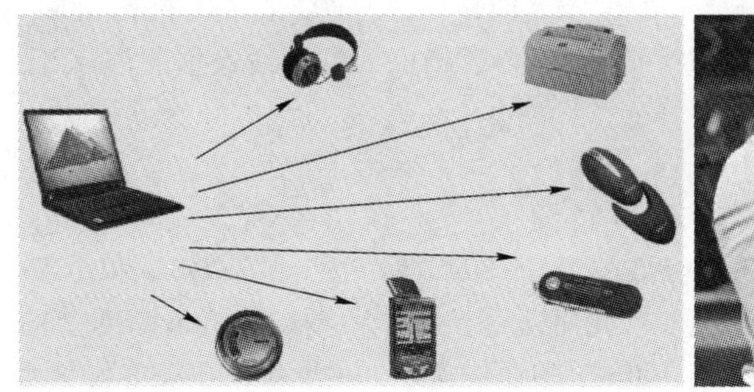

图 6-25 蓝牙技术与个人区域网络（PAN）

蓝牙与 Wi-Fi 相比虽然协议得到了简化，用电量减少，但实际操作时通信协议仍然相对复杂，功耗仍然偏高（蓝牙耳机一两个星期就需要充电），而且组网规模小（最多 7 台设备），不能满足未来家庭中多个健康检测监护设备同时联网且长期使用的要求。

6.4.2.3 ZigBee 技术

ZigBee 中文译为紫蜂协议，这一名称来源于蜜蜂的八字舞，由于蜜蜂（bee）是靠飞翔和“嗡嗡”（zig）地抖动翅膀的“舞蹈”来与同伴传递花粉所在方位信息，也就是说蜜蜂依靠这样的方式构成了群体中的通信网络。

ZigBee 是为解决已有无线通信技术中功耗大、组网规模小、通信协议过于复杂等问题而发展出的无线通信技术，是 IEEE 802.15.4 协议的代名词。其特点是近距离、低复杂度、自组织、低功耗、低数据速率、低成本，主要适合用于自动控制和远程控制领域，可以嵌入各种设备。简而言之，ZigBee 就是一种便宜的、低功耗的近距离无线组网通信技术，特别适合于工业和家庭中的无线传感网络。

其技术优势在于：

（1）数据传输速率低。10～250kB/s，专注于低传输应用。

（2）功耗低。在低功耗待机模式下，两节普通 5 号电池可使用 6～24 个月。

（3）成本低。ZigBee 数据传输速率低，协议简单，所以大大降低了成本。

（4）网络容量大。网络可容纳 65000 个设备（见图 6-26）。

（5）时延短。典型搜索设备时延为 30ms，休眠激活时延为 15ms，活动设备信道接入时延为 15ms。

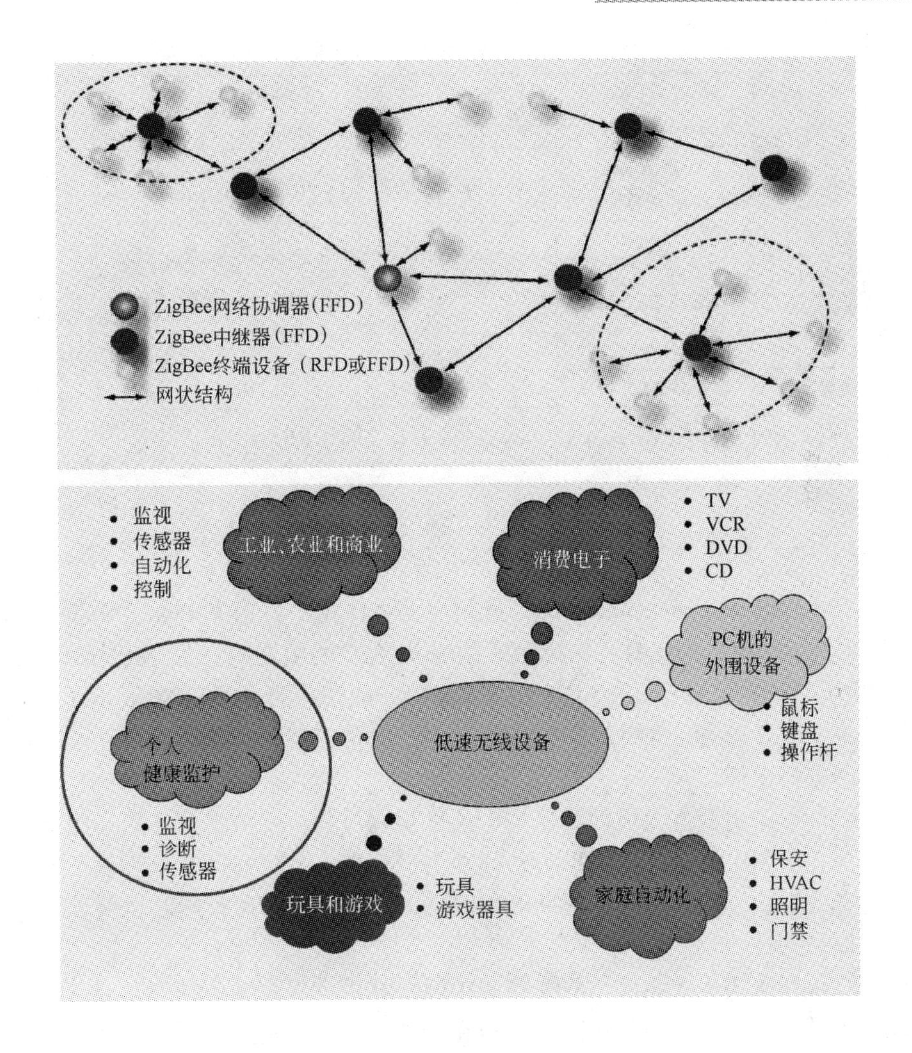

图 6-26 ZigBee 拓扑网络结构与应用领域

（6）网络的自组织、自愈能力强，通信可靠。

（7）数据安全。ZigBee 提供了数据完整性检查和鉴权功能，采用 AES-128 加密算法（美国新加密算法，是目前最好的文本加密算法之一），各个应用可灵活确定其安全属性。

（8）工作频段灵活。使用频段为 2.4GHz、868MHz（欧洲）和 915MHz（美国），均为免执照（免费）的频段。

表 6-1 为 Wi-Fi、蓝牙和 ZigBee 各项技术指标的比较，可以看出三者在技术特点和应用范围都是相互补充，各自应用于不同场合和不同领域，几种技术并不是相互取代的关系。

表 6-1 Wi-Fi、蓝牙和 ZigBee 各项技术指标的比较

种类	GPRS/GSM 1xRTT/CDMA	Wi-Fi™ 802.11b	蓝牙 802.15.1	ZigBee™ 802.15.4
应用重点	广阔范围，声音和数据	Web，Email，图像	电缆替代品	监测和控制
系统资源	>16MB	>1MB	>250kB	4～32kB
电池寿命/天	1～7	0.5～5	1～7	100～1000
网络大小	1	32	7	255/65000
宽带/$kB \cdot s^{-1}$	64～128	11000	720	20～250
传输距离/m	>1000	1～100	1～10	1～100
成功尺度	覆盖面大，质量	速度，灵活性	价格便宜，方便	可靠，低功耗，价格便宜

6.4.2.4 NFC 近场通信

NFC（near field communication，近距离无线传输）是由 Philips、Nokia 和 Sony 主推的一种类似于 RFID（非接触式射频识别）的短距离无线通信技术标准。它在 20cm 距离内工作于 13.56MHz 频率范围，能快速自动地建立无线网络，为蜂窝设备、蓝牙设备、Wi-Fi 设备提供一个“虚拟连接”，使电子设备可以在短距离范围进行通信。

NFC 的短距离交互大大简化了整个认证识别过程，使电子设备间互相访问更直接、更安全和更清楚，不用再听到各种电子杂音。NFC 通过在单一设备上组合所有的身份识别应用和服务，帮助解决记忆多个密码的麻烦，同时也保证了数据的安全保护。

NFC 被置入接入点之后，只要将其中两个靠近就可以实现交流，比配置 Wi-Fi 连接容易得多。手提电脑用户如果想在机场上网，只需要走近一个 Wi-Fi 热点即可实现。海报或展览信息背后贴有特定芯片，利用含 NFC 协议的手机或 PDA，便能取得详细信息，或是立即联机使用信用卡进行票卷购买。而且，这些芯片无需独立的能源。NFC 的特点将改进无线医疗的支付方式、数据和信息读取方式等，如图 6-27 所示。

6.4.2.5 IrDA 红外线数据通信

IrDA（infrared data association）是一种利用红外线进行点对点通信的技术，是第一个实现无线个人局域网（PAN）的技术。目前它的软硬件技术都很成熟，在小型移动设备，如 PDA、手机上广泛使用。

起初，采用 IrDA 标准的无线设备仅能在 1m 范围内以 115.2 kB/s 速率传输数据，很快发展到 4MB/s 以及 16MB/s 的速率。其主要优点是无需申请频率的使

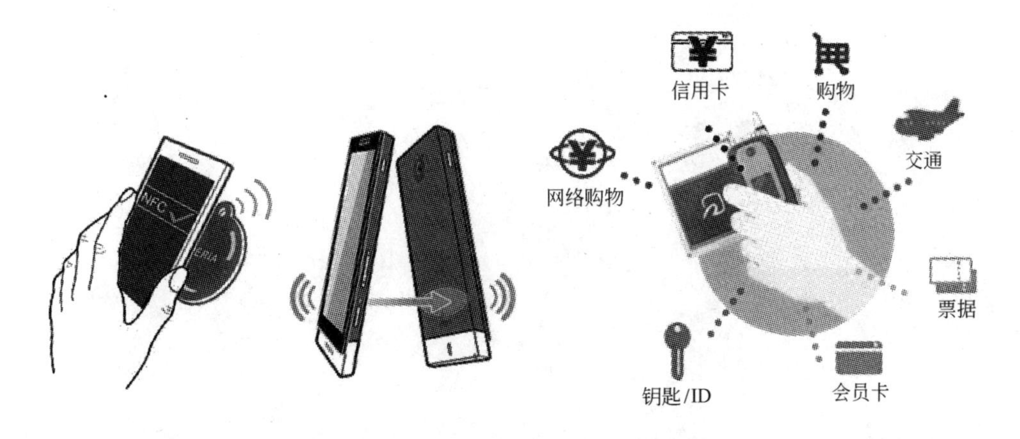

图 6-27 NFC 使用方法和应用领域

用权，因而红外通信成本低廉；并且还具有移动通信所需的体积小、功耗低、连接方便、简单易用的特点；此外，红外线发射角度较小，传输上安全性高。这些特点为健康检测监控设备的定位、遥控和数据传输提供了便利。

IrDA 的不足在于它是一种视距传输，两个相互通信的设备之间必须对准，中间不能被其他物体阻隔，因而该技术只能用于 2 台（非多台）设备之间的连接。而蓝牙就没有此限制，且不受墙壁的阻隔。

图 6-28 为无线通信技术的综合应用示意图。

6.4.3 信息的分析与共享

6.4.3.1 大数据

不知道大数据？那你就“out”了！

大数据（big data），或称巨量数据、海量数据、大数据，指的是所涉及的数据量规模巨大到无法通过人工在合理时间内达到截取、管理、处理并整理成为人类所能解读的信息。

在总数据量相同的情况下，与个别分析独立的小型数据集（data set）相比，将各个小型数据集合并后进行分析可得出许多额外的信息和数据关系性，可用来察觉商业趋势、判定研究质量、存储分析病人病情、避免疾病扩散、打击犯罪或测定实时交通路况等，这样的用途正是大型数据集盛行的原因。

2009 年，甲型 H1N1 流感在全球爆发传播，为了发现和控制疫情，各国政府和卫生相关部门付出了巨大努力，但得到的数据仍然滞后一两周，而谷歌（Google）对人们的搜索历史记录进行处理，建立合理的数学模型后，得到的预测结果与官方的数据相关性高达97%，能够立刻判断出流感是从哪里传播出来的，没有一两周的

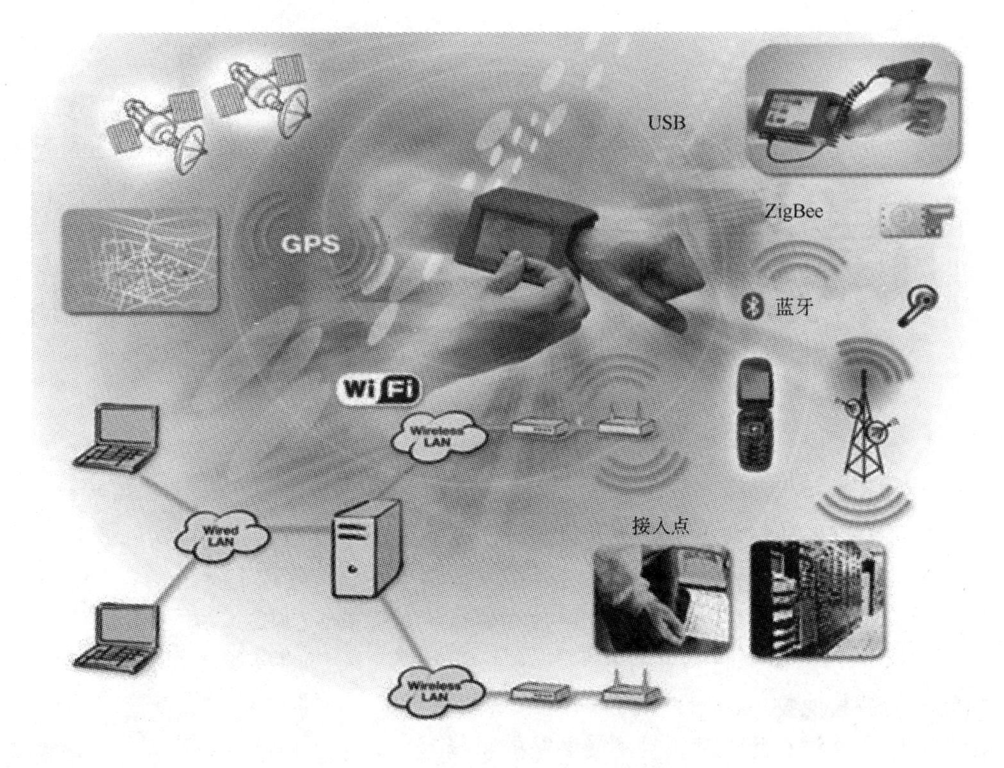

图 6-28　无线通信技术综合应用示意图

滞后。Google 处理了 5000 万条历史记录、4.5 亿个不同的数学模型。

大数据的 4V 特点：大量（volume）、高速（velocity）、多样性（variety）和价值（value）。

在健康领域，由于各种医疗设备产生的医疗和健康相关数据集过度庞大，科学家经常在分析处理上遭遇限制和阻碍。大数据几乎无法使用大多数的数据库管理系统处理，而必须使用“在数十、数百甚至数千台服务器上同时平行运行的软件”。大数据最核心的价值就是在于对于海量数据进行存储和分析。相比起现有的其他技术而言，大数据的“廉价、迅速、优化”这三方面的综合成本是最优的。

6.4.3.2　云计算

云计算是一种基于互联网的计算方式，通过这种方式，共享的软硬件资源和信息可以按需求提供给计算机和其他设备。它通过使计算分布在大量的分布式计算机上，而非本地计算机或远程服务器中，企业数据中心的运行将与互联网更相似。这使得企业能够将资源切换到需要的应用上，根据需求访问计算机和存储系统。

云存储是在云计算概念上延伸和发展出来的一个新的概念，是指通过集群应用、网格技术或分布式文件系统等功能，将网络中大量各种不同类型的存储设备通过应用软件集合起来协同工作，共同对外提供数据存储和业务访问功能的一个系统。当云计算系统运算和处理的核心是大量数据的存储和管理时，云计算系统中就需要配置大量的存储设备，那么云计算系统就转变成为一个云存储系统，所以云存储是一个以数据存储和管理为核心的云计算系统（见图6-29）。

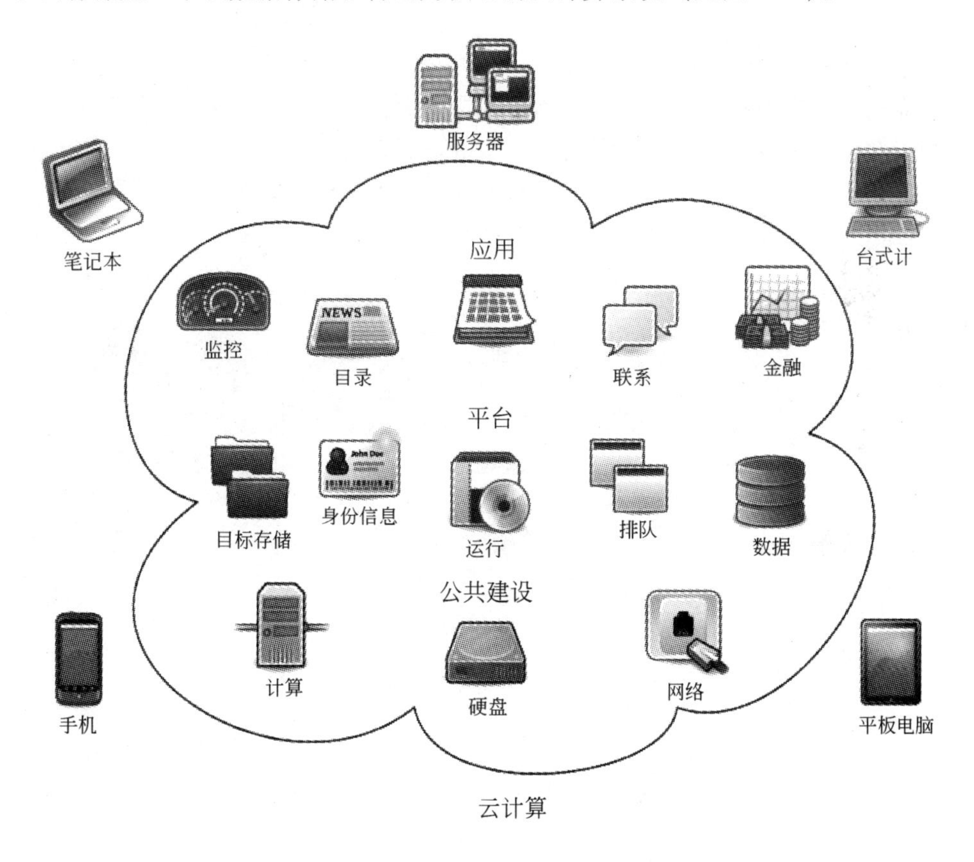

图6-29 云计算示意图

从技术上看，大数据与云计算的关系就像一枚硬币的正反面一样密不可分。大数据必然无法用单台的计算机进行处理，必须采用分布式计算架构。它的特色在于对海量数据的挖掘，但它必须依托云计算的分布式处理、分布式数据库、云存储和虚拟化技术。

6.4.3.3 远程监护和诊断

远程医疗（telemedicine），是不受“时间”“地点”限制的医学活动，是电子医学数据和信息（高分辨率图像、声音、视像和患者记录）在异地间的传递，也是使用通信技术和计算机多媒体技术提供远程医学服务。其目的一是在于为偏远地区和身处特殊情况（地震、瘫痪等）的病人提供远程医疗服务；二是希望为生活于快节奏下的现代人提供一种省时间、低成本的医疗模式。

现代远程医学始于20世纪60年代，虽然经历了50年4个发展阶段，依然停留于医院之间的会诊，还没有真正实现进入家庭的服务模式。但是近几年无线技术和云计算的发展为远程监测和诊断进入家庭为个人服务提供了技术支持。首先，电脑、手机等智能设备使病人与医生能够通过网络建立联系，传递病情信息，进行诊断和讨论治疗方案。其次，各种个人无线终端（例如心电仪、血压计、血糖仪等）对病人进行实时监测，将数据传递给手机或电脑，再传到云端进行数据存储和分析，云端可以直接将结果和异常情况返回给用户，也可以送到医生处，医生再将意见反馈给用户。最后，大量的数据形成一个庞大的数据集合，可以用于各种疾病特点和流行病分析（见图6-30）。

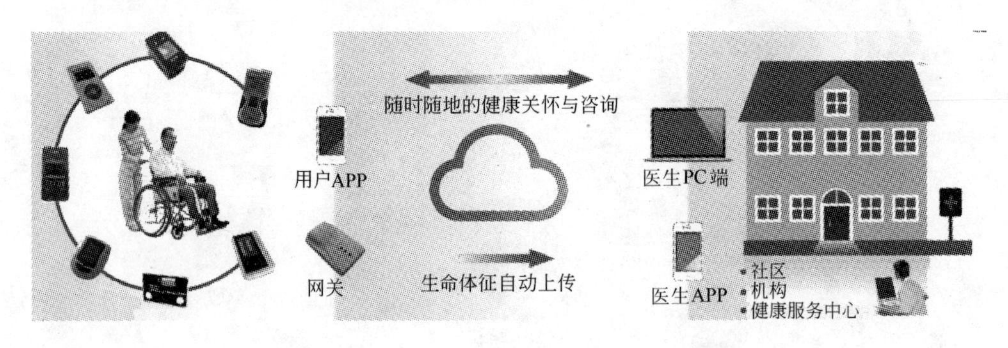

图6-30 大数据、云计算与远程诊断的关系